本书是国家社科基金重点项目“加快建设农业废弃物资源化利用政策研究”（项目批准号：17AZD012）的最终成果

农业废弃物资源化利用理论与对策研究

于法稳　王宾　于婷　赵会杰　等◎著

中国社会科学出版社

图书在版编目（CIP）数据

农业废弃物资源化利用理论与对策研究／于法稳等著．—北京：中国社会科学出版社，2023.7

ISBN 978-7-5227-2198-9

Ⅰ.①农…　Ⅱ.①于…　Ⅲ.①农业废物—废物综合利用—研究　Ⅳ.①X71

中国国家版本馆 CIP 数据核字（2023）第 122998 号

出 版 人　赵剑英
责任编辑　周　佳
责任校对　胡新芳
责任印制　王　超

出　　版　中国社会科学出版社
社　　址　北京鼓楼西大街甲 158 号
邮　　编　100720
网　　址　http://www.csspw.cn
发 行 部　010-84083685
门 市 部　010-84029450
经　　销　新华书店及其他书店

印　　刷　北京明恒达印务有限公司
装　　订　廊坊市广阳区广增装订厂
版　　次　2023 年 7 月第 1 版
印　　次　2023 年 7 月第 1 次印刷

开　　本　710×1000　1/16
印　　张　13.25
插　　页　2
字　　数　181 千字
定　　价　69.00 元

前　言

生态优先、绿色发展已成为时代主旋律，生态产品已成为消费新时尚。实现农业绿色发展，提升生态农产品供给能力，也是新时代赋予农业的新任务。实现农业废弃物资源化利用，是推动农业绿色发展的重要抓手。党的十八大以来，党中央、国务院高度重视农业废弃物资源化利用问题，出台了一系列政策措施和法律法规，并采取了一系列的行动措施。农业废弃物资源化利用取得了一定的成效，但目前资源化利用率依然不高，特别是畜禽养殖废弃物污染现象依然没有得到根本改善，农药包装物、废弃农用薄膜回收机制不健全，资源化利用出口不畅，难以实现有效的回收及资源化利用等问题依然存在。党的十九大报告指出，中国特色社会主义进入新时代，中国社会主要矛盾已经转化为人民日益增长的美好生活需要和不平衡不充分的发展之间的矛盾。在农业生产领域突出表现为，人民日益增长的安全优质农产品需要与供应不充分之间的矛盾。党中央、国务院高度关注农产品质量安全，并出台了一系列政策性措施加以推动。但从根源上来讲，良好的生态环境、健康的生产环境是农产品质量安全的保障，农业面源污染治理则是实现农业生产环境健康的有效途径。《中共中央关于制定国民经济和社会发展第十四个五年规划和二〇三五年远景目标的建议》指出："推进化肥农药减量化和土壤污染治理，加强白色污染治理。"采取有效途径，实现农业废弃物资源化利用，是全面打赢农业面源污染防治攻坚战的重要内容，有助于推动农业的绿色转型发展，有助于提升农产品质量，有助于推动健康中国战略的实施。

本书的根本出发点是要加快实现农业废弃物资源化利用，提高农业废弃物资源化利用效率，为提升农业生态环境质量做出贡献。农业废弃物资源化利用是通过各项措施与技术，将畜禽粪污、病死畜禽、农作物秸秆、废旧农膜及废弃农药包装物等废弃物作为农业资源转化为能源以及投入品，最大限度地发挥废弃物的生态价值、经济价值和社会价值，并实现种养殖业之间生态循环的过程。加快实现农业废弃物资源化利用，需要对以下问题进行准确解答：农业废弃物资源化利用的基础是什么？如何提高不同市场主体参与农业废弃物资源化利用的意愿？哪些是影响其意愿的显著因素？如何将不同市场主体的参与意愿转化为行动力？建立健全哪些政策可加快实现农业废弃物资源化利用？对诸如此类问题的理性回答，不但能够破解当前农业可持续发展困境，而且有助于充实和丰富自然资源与环境经济学、农业经济学等理论体系，为提升农业生态环境质量做出贡献。本书通过系统研究，主要形成了以下结论。

（1）中国农业废弃物资源化利用处在起步阶段，利用率相对较低且较为粗放，畜禽粪尿、秸秆、废旧农膜及废弃农药包装物在不同区域呈现不同的分布特点且产生量大，农业废弃物资源化利用的市场潜力大。一方面畜禽养殖废弃物面临着小散养殖户废弃物尚未纳入法律法规框架中、集约化家庭农场养殖场废弃物资源化难度大、畜禽养殖废弃物资源化受到中国生态承载力制约三个突出困境；另一方面种植业废弃物资源化利用面临的主要困境是农用残膜、农药包装物回收利用技术和机制欠缺所导致的回收率低下问题。（2）对农户参与资源化利用的意愿研究表明，农户农业废弃物资源化利用技能感知、成本感知、与回收渠道间的距离感知、回收渠道稳定性感知，均显著地影响其参与意愿；引导型规制对农户农业废弃物资源化利用前景感知与技能感知—参与意愿关系存在显著的正向调节效应；约束型规制对农户农业废弃物回收利用重要性感知、回收渠道稳定性感知—参与意愿关系存在显著的正向调节效应；激励型规制对农户农业废弃物资源化利用前景感知与技能感知、收益感知、回收渠道稳定性感知—参与意愿关系存在显著的正向调节效应，对与回收渠道间的距离感知—参与意愿关系存在显著负向调节效应。对养殖户参与资源化利用的意愿研究表明，废弃物资源化利用财政补贴政策认知对其参与意愿的影响最为显著，约束型环境规制政策和激励型环境规制政策对养殖户畜禽养殖水体污染、畜禽养殖环保政策认知和畜禽废弃物资源化利用财政补贴政策具有调节效应。（3）对如何提高市场主体参与农业废弃物资源化利用行动率的研究表明，应着重提高农户对废弃物市场化处理的满意度和废弃物运输的便捷度。（4）从组织、制度、机制、技术、模式、市场、法规、人才等层面，提出加快农业废弃物资源化利用的政策建议。以期通过强化技术研发，构建市场体系，建立管理机制，推动机制创新、模式创新和融资方式创新，完善政策法规和制度体系，培育经营主体等为农业废弃物资源化利用提供保障，全面推动农业废弃物资源化利用工作。

目　　录

第一章

导　论

农业绿色发展对于保障食品安全、生态安全至关重要，农业废弃物资源化利用是实现农业绿色发展的有效路径。党的十八大以来，党中央、国务院高度重视农业废弃物资源化利用问题，相继出台了一系列政策措施和法律法规，并采取了一系列的行动措施。本章在对研究背景进行阐述的基础上，阐述研究的理论意义和实践价值；并在对已有文献进行系统梳理的基础上，提出本书的研究目的及研究内容，以及所采用的研究方法等。

第一节　选题背景

农村改革开放40多年来，中国农业农村经济取得了举世瞩目的成就，但也付出了资源环境代价，突出表现在耕地质量下降、地下水超采、农业面源污染加重等方面，进而影响农产品质量安全。在2020年的中央农村工作会议上，习近平总书记强调，必须加强顶层设计，以更有力的举措、汇聚更强大的力量来推进。其中，以钉钉子精神推进农业面源污染防治等农村生态文明建设，是习近平总书记提出的一个具体要求。实现农业废弃物资源化利用是农业面源污染防治的重要内容，探索实现农业废弃物资源化利用的途径及对策，是新发展阶段贯彻新发展理念、构建新发展格局的重大现实问题之一。这也正是本书的基本出发点。

一　农业废弃物成为农业面源污染的重要来源

农业废弃物是指农业生产过程中不可避免的非期望的产品产出。农村改革40多年来，中国农业农村经济取得了举世瞩目的成就。与此同时，农业生产废弃物也呈现出日益增长的态势，不仅数量大、分布范围广，而且种类繁多，主要包括农作物秸秆、谷壳、果壳及农产品加工废弃物等植物纤维性废弃物，以及畜禽养殖产生的粪污等动物性废弃物。同时，还包括农业生产过程中投入品的包装物，如废弃农用薄膜、农药瓶等包装物。据估算，全国每年产生畜禽粪污38亿吨，综合利用率不到60%；每年生猪病死淘汰量约6000万头，集中进行专业无害化处理比例不高；每年产生秸秆近9亿吨，未利用的约2亿吨；每年使用农膜200多万吨，当季回收率不足2/3。[①]

近年来，随着农业集约化、规模化和产业化发展，中国农业综合生产能力得到极大的提高，农产品数量供应能力也不断加强。但农业经济的快速发展也伴随着环境污染和资源过度利用等问题，特别是化肥、农药过量施用导致的面源污染日益严重；农作物秸秆、农药包装物、废弃农用薄膜等由于缺乏有效的回收利用机制，对城乡生态环境造成了严重影响。此外，畜禽养殖粪污的不当处理导致的农业面源污染也非常严重（金书秦等，2013），已成为当前中国农业面源污染的重要来源（孙若梅，2018），从而加剧了土壤和水体污染的风险，这也是实现畜牧业绿色发展的主要限制因素（尹晓青，2019）。2015年全国废水COD排放量中，畜禽养殖来源的COD排放量占全国总排放

① 《关于推进农业废弃物资源化利用试点的方案》，2016年8月11日，中华人民共和国农业农村部网站，http://www.moa.gov.cn/govpublic/FZJHS/201609/t20160919_5277846.htm。

量的45.67%。新时代背景下，促进畜禽养殖业和农业绿色发展，推进农业供给侧结构性改革，是实现乡村振兴战略的重要命题（司瑞石等，2018）。

二　国家对农业废弃物资源化利用高度重视

党的十八大以来，党中央、国务院高度关注生态文明建设，将其纳入“五位一体”的总体布局。2016年8月11日，农业部等部门联合印发《关于推进农业废弃物资源化利用试点的方案》，为农业废弃物资源化利用指明了方向。2016—2018年连续3年的中央一号文件均提出要做好农业废弃物资源化利用工作，并将其纳入农村突出环境问题综合治理中（孟祥海等，2018）。2018年中央一号文件明确提出，“加强农业面源污染防治，开展农业绿色发展行动，实现投入品减量化、生产清洁化、废弃物资源化、产业模式生态化；推进有机肥替代化肥、畜禽粪污处理、农作物秸秆综合利用、废弃农膜回收、病虫害绿色防控”；2019年中央一号文件又明确提出，“加大农业面源污染治理力度，开展农业节肥节药行动，实现化肥农药使用量负增长”。当前农村生态环境治理已成为乡村振兴的瓶颈（彭小霞，2016；杜焱强等，2016），现阶段及未来农业废弃物管理的研究方向集中于“畜禽养殖废弃物资源化利用”和“农业废弃物资源化利用途径探索”（何可等，2019），畜禽养殖废弃物资源化利用是破解农村生态环境治理与污染防治难题的重要一环。

为加快推进畜禽养殖粪污资源化利用，党中央、国务院以及农业农村部、国家发改委等相关部委相继出台了一系列畜禽养殖污染防治的政策法规（刘铮、周静，2018）。2016年，习近平总书记在中央财经领导小组第十四次会议上就解决好畜禽养殖废弃物资源化利用等问题发表了重要讲话，为解决好畜禽养殖污染问题提供了基本遵循和重要指引。2017年，国务院办公厅印发的《关于加快推进畜禽养殖废弃物资源化利用的意见》，是首个专门针对畜禽养殖废弃物资源化利用的指导性文件。此后，相关部门围绕环境准入、执法监管、责任落实、绩效考核等关键环节，进一步细化了制度安排。2017 年 7 月，农业部印发了《畜禽粪污资源化利用行动方案（2017—2020 年）》，为深入开展畜禽养殖废弃物资源化行动，加快推进畜牧业绿色发展提供了路线图、时间表。2018 年 1 月，农业部办公厅印发了《畜禽粪污土地承载力测算技术指南》，为区域畜禽养殖土地承载力和规模养殖场配套土地面积测算提供了技术依据。2018 年 3 月，农业部和环境保护部印发了《畜禽养殖废弃物资源化利用工作考核办法（试行）》，采用自查、抽查、第三方评估等方式对地方政府工作落实和任务完成情况进行综合评价。2019 年中央一号文件指出，要“发展生态循环农业，推进畜禽粪污、秸秆、农膜等农业废弃物资源化利用，实现畜牧养殖大县粪污资源化利用整县治理全覆盖”。畜禽养殖废弃物全量资源化利用也纳入了《乡村振兴战略规划（2018—2022 年）》，并提出要在 500 多个养殖大县整县推进畜禽粪污资源化利用试点，使资源化综合利用率提高到 75% 以上。

三　农业废弃物资源化利用有助于农业绿色发展

国家高度重视农业废弃物资源化利用问题，并出台了一系列政策性措施，在一定程度上推动了农业废弃物资源化利用；但畜禽养殖废弃物污染现象并未从根本上得到改善，农药包装物、废弃农用薄膜等废弃物的回收机制依旧缺失，农作物秸秆利用出口没有完全畅通，从而导致农业废弃物资源化利用率依旧不高的局面。2017 年，全国畜禽粪污总量为 39.8 亿吨，到 2020 年将达到 42.44 亿吨（刘永岗等，2018）。在畜禽养殖产业废弃物综合利用率不足 60% 的情况下（李金祥，2018），每年至少有约 16 亿吨的畜禽养殖废弃物无法得到妥善处理。以上这些问题使得农业实现可持续发展面临资源硬约束加剧与环境污染两个方面的严峻挑战（陈锡文，2002）。

提高农业废弃物资源化利用率是打好农业面源污染攻坚战、改善农业生产环境的关键。建立与完善农业废弃物资源化利用机制，逐步构建有效的市场体系并制定系统的政策性措施，则是提高农业废弃物资源化利用率的制度保障。在实现农业废弃物资源化利用中，迫切需要鼓励农户参与，增强农民的环保意识（颜廷武等，2016）。同时，由于农业废弃物资源化具有准公共物品的性质，难以由私人部门完全承担，需要政府的政策支持（何可等，2014）。目前，中国农作物秸秆的综合利用率在逐年提高，畜禽养殖污染综合治理、废弃农膜、农药包装物回收等方面也开始了试点工作，并取得了一定的成效。但中国农业废弃物资源化利用整体上还处于探索阶段，尚未形成完善的运营机制；同时，市场体系也未真正构建起来。此外，尽管国家出台了一系列政策法规，加快推进畜禽废弃物资源化利用，也为实现畜牧业转型升级和绿色发展提供了保障；但在实践过程中，养殖户对政府相关政策法规的认知程度较低，在一定程度上弱化了相关政策的实施效果（杨惠芳，2013）。养殖户作为畜禽养殖废弃物治理的实施主体与最基本的微观决策单位，他们对畜禽养殖废弃物无害化处理的意愿，是促进畜禽废弃物资源化利用的关键（孔凡斌等，2016）。换言之，作为畜禽养殖生产主体和政策接受者的养殖户的认知与参与意愿，直接影响到畜禽养殖废弃物资源化利用能否顺利实施，以及实施的成效和可持续性，并最终影响农业废弃物资源化利用率。

第二节　研究价值

围绕着农业废弃物资源化利用的相关问题开展研究，探讨其中的理论、机制等问题，并提出实现农业废弃物资源化利用的路径及对策，对于打赢农业面源污染攻坚战、助力农业绿色发展具有重要作用。

一　学术价值

本书的学术价值体现在如下几个方面：一是基于不同区域的基层调研，特别是农户问卷调查，可以获得第一手基础材料，分析农户对农业废弃物，特别是畜禽养殖废弃物资源化利用等相关问题的认知，以及农户参与意愿的影响因素，在一定程度上丰富了本领域的研究内容；二是基于环境规制的视角，研究农业废弃物资源化利用中农户的行为，在一定程度上为相关研究提供了方法借鉴；三是基于研究结论，为进一步完善政策体系提供科学依据，也为农业政策学理论与实践研究提供丰富的素材和案例；四是有助于推动交叉学科的发展与完善。农业废弃物资源化利用路径、对策等方面的研究涉及生态经济学、环境经济学、消费者行为学、农业政策学等多个学科，本书实现了不同学科的相互交叉和理论融合，在推动交叉学科发展的同时，也能够实现理论体系上的突破。

二　应用价值

农业废弃物资源化利用是党中央、国务院高度关注的问题之一，也是实施乡村建设行动，推进乡村全面振兴的重要内容。本书的应用价值体现在如下几个方面：一是有利于全面掌握中国农业废弃物资源化利用的现状、存在的问题以及重点领域；同时，通过计量分析，可以系统、科学地甄别农户参与农业废弃物资源化利用的影响因素，为探索实现农业废弃物资源化利用路径提供了方向；二是基于对农业废弃物资源化利用相关问题的系统分析，提出相关的对策建议，可以为国家出台相关政策措施提供科学依据；三是基于不同区域的基层调研及农户影响因素的分析，提出的农业废弃物资源化利用的路径及措施更具有精准性，更能为基层政府制定有针对性的政策措施和行动方案提供借鉴，有助于实现农业生产方式的绿色转型。

三 社会价值

本书最主要的社会价值体现在如下几个方面：一是为满足人民日益增长的对优质、安全农产品的需要，农业生产环境改善，确保农产品质量安全提供了政策参考；二是为农村人居环境整治，实现乡村生态宜居提供了路径，更好地提升农村居民的生态福祉；三是为农村居民环保意识的提高，更好地参与农业废弃物资源化利用提供了帮助，这是本书最重要、最关键的社会价值。

第三节 文献梳理及评述

农业废弃物资源化利用是近年来学术界研究的热点问题。国内外相关学者围绕农业废弃物资源化利用开展了一系列研究。有学者对1992—2016年农业废弃物相关领域的研究热点、研究重点演变以及研究前沿等进行了系统梳理与归纳（何可等，2019），指出中国农业废弃物相关问题研究表现出明显的阶段性特点：第一阶段只聚焦于畜牧业发展，第二阶段以“污染防治”和“资源化利用”两个层面作为核心议题，第三阶段提出了“畜禽养殖污染防控”和“能源化利用”两个重要的研究方向。在此基础上，对未来农业废弃物相关问题研究方向进行了展望，提出了两个方向：一是畜禽养殖废弃物资源化利用，二是农业废弃物资源化利用途径。本书也围绕这两个方面，对已有文献进行系统梳理。

一 畜禽养殖废弃物资源化利用方面的研究

畜禽养殖废弃物资源化利用主要聚焦畜禽养殖粪污的污染治理及利用。梳理国内外关于畜禽养殖废弃物资源循环利用文献发现，畜禽养殖废弃物资源循环利用早已受到国内外学者的关注，研究对象较为广泛，已有研究较多地关注废弃物管理模式选择、粪污处理技术选择影响因素、粪污的价值评估、主体行为意愿与参与度及其影响因素，以及国家政策保障等方面，本书将从以上几个方面进行文献梳理。

（一）有关畜禽废弃物管理模式方面的研究

根据不同区域社会经济发展状况、畜禽养殖废弃物污染情况以及农业生产的实际，畜禽废弃物存在多样化的管理模式。依据管理主体的属性特征，可以将管理模式分为养殖户或企业主导型、种植企业主导型、有机肥企业主导型和政府或公益性处理中心主导型四种模式（姜海等，2015），不同管理模式适用于不同规模的畜禽养殖业。从中国畜禽养殖业发展的历史来看，养殖户主导型是畜禽养殖产业废弃物资源化利用的一种传统管理模式，适用于小规模的畜禽养殖废弃物资源化（姜海等，2016）。养殖企业主导型需要当地有大型养殖企业或龙头企业，并建立了一定规模的养殖基地，或有采用“公司＋农户”和“公司＋农场”等模式的企业。种植企业主导型则基于与大中型规模养殖企业的结合，在实现养殖业废弃物资源化利用的同时，提升土壤肥力，为农产品质量安全创造良好的生产环境。有机肥企业主导型适用于大中型规模养殖业的废弃物资源化利用，但这种模式难以实现养殖废水的有效处理，仍需要养殖场自配污水处理设施。政府或公益性处理中心主导型模式，在农村小规模畜禽养殖的废弃物资源化利用方面表现出明显的优势；但小规模养殖场多分散分布，导致废弃物资源化利用的成本较高，需要地方政府有足够的财力支持。

依据养殖场空间分布特征，可以将养殖废弃物处理和利用模式分为分散型和集中型两种模式。其中，集中型资源化处理模式适合大中型规模养殖场和散养密集区，也在一定程度上能够覆盖周边中小养殖场的粪污；不过此模式需要养殖场配套较为完善的粪污处理设施，用于粪污的固液分离。该模式在实践过程中，又可以根据不同的废弃物类型产生不同的利用模式，比如在秸秆和粪污都充足的地区，将秸秆与粪污混合经过厌氧发酵后产生的沼气可代替46%的薪柴，沼渣则制成有机肥，或者通过流转土地发展种植就近消纳（Sfez et al.，2017）。分散型资源化处理模式适合小型养殖场和散户，根据不同的情况产生多种利用模式，比如在土地或水域充足的情况下，养殖户可以采用种养结合模式、在养殖过程中使用发酵床模式或采用粪污循环利用的饲养模式，如蚯蚓粪模式、粪污饲养家蝇和石斑鱼等模式（Hadura，2018）。

总体而言，应当结合地方实际，综合考虑所在地区的经济状况、废弃物污染情况以及种植、养殖、肥料、饲料、能源等产业的发展情况来选择适合当地的畜禽废弃物管理模式。同时，在畜禽废弃物资源化利用工作中，应构建由政府及其公益性处理中心、种植企业、有机肥企业、养殖户或养殖企业等多方参与的合作机制，从而提高管理效率。

（二）有关粪污处理技术方法方面的研究

畜禽养殖废弃物资源化利用的技术方法包括肥料化、饲料化和能源化三个方面（廖青等，2013；李文哲等，2013；刘超等，2018）。其中，能源化和肥料化是主要利用方向（舒畅等，2017；姜茜等，2018）。

肥料化利用技术是中国目前主要采用的资源化利用方式（宣梦等，2018），包括堆肥化处理和生物发酵技术等（郑微微等，2017）。其中，堆肥化处理是利用蓄粪池等设施进行自然堆肥，然后就近还田利用（禹振军等，2018），比较适合个体养殖户和小规模养殖场（李文哲等，2013；李金祥，2018）。有研究表明，随着养殖场规模的增加，畜禽废弃物用作肥料还田的比率呈下降态势，无害化处理的比率呈上升态势（Liu et al.，2017）。生物发酵技术则是将畜禽废弃物转换成有机肥或有机—无机复合肥，处理规模较大，适用于中等规模以上的养殖场（李文哲等，2013；郑微微等，2017）。

饲料化利用技术也较为常见，目前常将鸡粪经过处理后用作猪、牛、羊的饲料或者养殖鱼类（廖青等，2013），也有一些大中型养殖场将牛粪等作为蚯蚓养殖的培养基或食用菌种植的基料（国辉等，2013）。由于饲料化利用存在有害物质超标易导致动物中毒，目前欧美等国家不主张此种方式（国辉等，2013）。

能源化利用技术主要包括沼气制作及沼气发电、生产沼液和沼渣、燃烧产热、废水处理再利用等（廖青等，2013；李飞、董锁成，2011；李金祥，2018）。该方式多适用于大中型规模化养殖场，比如意大利马卡农场，其畜禽粪污多采用“70%粪便+30%生物质”或者“30%粪便+70%生物质”的沼气发电模式（Li et al.，2016）；能源化利用需要投入大量成本，并且市场机制初步形成还未成熟，所以需要在政府支持下，农户、企业、政府有关部门协同创新，不断完善体制机制。

2017年，中国开始试点整县推进畜禽粪污资源化利用工作，出现了大型规模化养殖企业将肥料化与能源化相结合的“链融体”技术模式（李金祥，2018），该模式尝试将链条向上下游拓展，努力打造全产业链条，促进饲料业、种植业、养殖业、屠宰业、能源环保等产业相互融合，这是近年来畜禽养殖产业废弃物资源化利用工作值得借鉴之处。

（三）有关粪污的价值评估方面的研究

现有文献中对畜禽养殖产业废弃物资源化利用开展的价值评估，大多基于外部性理论和公共物品理论（何可、张俊飚，2013）。外部性是指养殖户或养殖企业向市场外的所有人强加的效益或者成本（孙若梅，2018）。畜禽养殖废弃物得到资源化利用是正向外部性的体现，未得到资源化利用造成环境污染是负向外部性的表现。畜禽养殖废弃物资源化利用产生的环境效益不可分割及排他，所有人均可享受其提供的生态系统服务，这使得其归属于公共物品范畴。由此，对其进行资源化利用往往由政府支持实施，而对其开展价值评估也是政府制定政策的基础（赵润等，2011）。

畜禽养殖废弃物的价值评估工作有多种方法，较为常用的是条件价值评估、选择实验法、替代成本法等（赵润等，2011），常用的手段是问卷调查（赵润等，2011；何可、张俊飚，2013）。条件估值法较为普遍，是用个人支付意愿或者受偿意愿来评估养殖废弃物资源化利用的生态系统服务价值。选择实验法是通过居民对养殖废弃物资源化带来的生态环境改善的支付意愿来开展评估工作。替代成本法关注的是将养殖产业废弃物的污染进行改善并达到某一程度所需的成本，但是未考虑资源化利用带来的生态环境质量改善等潜在福利。此外，还有通过价值评估相关模型来感知养殖产业废弃物资源化的经济、生态、社会等价值。在实践中可根据具体情况选择合适的价值评估方法（何可，2016）。

（四）有关主体行为意愿与参与度方面的研究

畜禽养殖产业废弃物资源化利用的利益相关者主要包括养殖户、种植企业、有机肥企业、污染处理企业（姚升，2017）和政府或公益性组织等（何可，2016）。国内外学者对畜禽粪污市场化主体参与度的影响因素进行了一系列研究。

从供给主体来看，已有研究表明，养殖户目前不仅是主要的供给主体，也是畜禽养殖产业废弃物资源化利用工作中最基本、最庞大的利益相关者（宾幕容等，2017）。在资源化利用中，养殖户既是正向外部性的提供方，又是正向外部性的受益者（何可、张俊飚，2013），对于推动养殖废弃物资源化工作具有十分重要的作用，其资源化利用意识（姚升，2017；潘丹、孔凡斌，2018）、生态认知（刘雪芬等，2013）、社会行为参照（宾幕容等，2017）、环境污染治理政策引导（孟祥海等，2018）、养殖规模（仇焕广等，2012）等因素均会影响畜禽粪污的处理方式。研究表明，不同养殖规模和类型的养殖户对畜禽废弃物资源利用的参与意愿存在明显差异。农牧结合程度、政府环境约束和环境补贴等是导致参与意愿差异的主要原因（王桂霞、杨义风，2017；饶静、张燕琴，2018）。当地环境污染治理政策、养殖规模、农作物的播种面积、经济绩效期望、主观规范、养殖劳动人口等因素对养殖户畜禽废弃物处理方式的选择均有显著影响（仇焕广等，2012；王建华等，2019）；同时，性别、收入、对资源化利用的价值认知与环保意识也是养殖户对畜禽养殖废弃物资源化所产生的生态系统服务进行支付时的影响因素（何可、张俊飚，2013）。此外，对资源化利用政策的认知、环保技术信息、环保设施、成本收益、对种植业的熟悉程度以及距农田远近是养殖户处理与种植业、废弃物经销商等上下游产业链纵向关系的影响因素（舒畅等，2017），尤其是经济效益是影响农户纵向关系选择的直接因素。环保意识薄弱、违约成本低、畜禽粪污潜在价值与市场价值的不对等（郑绸等，2019）、环境规制限制少（司瑞石等，2019）等因素都会使养殖户缺乏进入市场的动力，从而采取简单粗暴的直接丢弃或者排放到自家农田就地掩埋的处理方式，使得畜禽粪污无法参与市场流通。

从需求主体来看，有效需求不足会影响市场主体参与市场化的积极性。目前，对畜禽粪污及相关产品的需求主体主要是农户、中小规模种植户、企业（郑绸等，2019）。已有研究表明，目前需求主体对畜禽粪污及相关产品需求量较少，感知有用性（何可等，2013）、易用性（谢光辉等，2019）、公平性（李昊等，2018）、便利条件、劳动成本、流通成本（郑绸等，2019）、种植需求的季节性与峰值性（孙若梅，2014）等因素都会显著影响需求主体对有机肥或有机—无机复合肥的利用需求，上网电价高、线路架设成本高等因素会显著影响他们对沼气发电的利用需求。

从流通主体来看，目前依旧是政府主导、政府与农户直接互动，企业和中介组织参与较少（郑绸等，2019），生产、流通、销售渠道不完善极大阻碍了市场主体参与市场化的积极性。养殖户的产业组织情况也会影响其参与市场化处理行为，加入合作社的农户横向合作程度更高（潘丹、孔凡斌，2018），种养结合程度、距离周边农田的远近、距离周边有机肥厂的远近会显著影响养殖户与种植业、废弃物经销商等上下游产业链纵向关系（舒畅等，2017）。

种植企业、有机肥企业、污染处理企业作为第三方，参与到畜禽养殖废弃物资源化利用工作中，有助于资源化利用程度的提升、畜禽养殖污染的治理（姜海等，2018）。现阶段，企业带动、养殖户参与、政府引导的资源化利用体系建设仍有待进一步加强（国辉等，2013）。中央政府应加强顶层设计，通过合理的政策、法律法规对相关利益方进行引导和制约。学者基于畜禽养殖废弃物的公共物品属性以及外部性理论，认为中央政府应当通过财政资金、税收、市场政策、技术指导等方式对养殖户、种植企业、有机肥企业等利益相关方开展生态补偿工作（姚升，2017；孙若梅，2017），以激励利益相关方开展资源化利用工作。地方政府基于生态效益和经济效益双重目标的考虑（何可，2016），也应参照中央政府开展生态补偿的方式在本辖区内开展生态补偿工作（姚升，2017），这样有助于辖区内农村环境质量改善、农业绿色发展、农民收入增加，也有助于地方政府政绩的提升。

（五）有关国家相关政策保障方面的研究

从国外治理粪污的经验来看，荷兰、欧盟、日本、德国等都颁布实施了一系列法律法规，并构建了相应的法律体系（赵润等，2011；刘冬梅、管宏杰，2008）。中国针对畜禽养殖废弃物的污染问题，也先后出台了一系列政策和法律法规。

从政策层面来看（见表1－1），国家出台的政策从原来单一强调污染防治转变为污染综合治理和废弃物资源化利用。2014年以前，国家通过出台《国家农村小康环保行动计划》《畜禽养殖业污染防治技术政策》等遏制畜禽养殖产业快速发展带来的突出环境问题。2014年以后出台的政策在对污染防治的基础上，更加强调对畜禽养殖废弃物的资源化利用。2014 年，《畜禽规模养殖污染防治条例》的实施对畜禽养殖产业提出了更高的环保要求，并要求各地划定禁养区域，这使得该产业面临巨大的环保压力，大力推动了畜禽养殖废弃物资源化进程。2017 年 5 月，《关于加快推进畜禽养殖废弃物资源化利用的意见》的出台，提出构建畜禽养殖废弃物资源化利用制度，这促使养殖产业朝着变废为宝、综合利用方向发展（潘丹、孔凡斌，2018）。

中国颁布、实施了一系列约束畜禽养殖污染、鼓励废弃物综合利用的法律法规（见表 1－2），主要包括全国人民代表大会颁布的法律、国务院颁布的行政法规和国务院组成部门颁布的部门规章。2014 年以前，法律法规主要强调废弃物的污染防治，侧重达标排放。例如，2001 年颁布实施的畜禽养殖业污染防治相关法规对畜禽养殖产业污染定义、相关防治技术、治理原则和排放标准等做了详细规定。其中，《畜禽养殖污染防治管理办法》是用于指导全国畜禽养殖场污染防治工作的基础性法规。2014 年以后的法律法规则侧重于通过试点县、畜牧大县、规模养殖场等对畜禽养殖废弃物进行资源化利用，鼓励发展种养结合循环农业。

表 1－1　**中国与畜禽养殖废弃物资源化利用相关的政策**

	发布机构	时间	涉及内容
《乡村振兴战略规划（2018—2022 年）》	中共中央、国务院	2018 年 9 月	大力发展种养结合循环农业；开展整县推进畜禽粪污资源化利用试点；在种养密集区域，探索整县推进畜禽粪污、病死畜禽等废弃物全量资源化利用
《全国畜禽粪污资源化利用整县推进项目工作方案（2018—2020 年）》	国家发改委、农业部	2017 年 8 月	选择 200 个以上畜牧大县开展畜禽粪污处理和资源化利用设施建设。项目建成后，项目县畜禽粪污综合利用率达到 90% 以上，规模养殖场粪污处理设施装备配套率达到 100%

续表

	发布机构	时间	涉及内容
《畜禽粪污资源化利用行动方案（2017—2020年）》	农业部	2017年7月	建立健全资源化利用制度
《关于加快推进畜禽养殖废弃物资源化利用的意见》	国务院	2017年5月	构建种养循环发展机制，全国畜禽粪污综合利用率达到75%以上，规模养殖场粪污处理设施装备配套率达到95%以上，大型规模养殖场粪污处理设施装备配套率提前一年达到100%
《开展水果蔬菜茶叶有机肥替代化肥行动方案》	农业部	2017年2月	支持农民和新型农业经营主体等使用畜禽养殖废弃物资源化产生的有机肥
《全国农村环境综合整治“十三五”规划》	环境保护部、财政部	2017年1月	目标是使整治后的畜禽粪便综合利用率≥70%
《中共中央、国务院关于深入推进农业供给侧结构性改革加快培育农业农村发展新动能的若干意见》	中共中央、国务院	2016年12月	大力推行高效生态循环种养模式，推动规模化大型沼气健康发展
《“十三五”节能减排综合工作方案》	国务院	2016年12月	促进畜禽养殖场粪便收集处理和资源化利用
《全国农村经济发展“十三五”规划》	国家发改委	2016年10月	大力推进畜禽粪污资源化利用，努力实现生态消纳或达标排放
《全国农业现代化规划（2016—2020年）》	国务院	2016年10月	开展种养集合循环农业工程，建设300个种养结合循环农业发展示范县，推进畜禽粪污综合利用
《全国草食畜牧业发展规划（2016—2020年）》	农业部	2016年7月	实施草食畜禽粪便资源化利用试点
《水污染防治行动计划》	国务院	2015年4月	自2016年起，新建、改建、扩建规模化畜禽养殖场（小区）要实施雨污分流、粪便污水资源化利用

续表

	发布机构	时间	涉及内容
《全国畜禽养殖污染防治“十二五”规划》	环境保护部、农业部	2012年11月	推动农牧结合、种养平衡、循环利用，提高农业资源综合利用效益
《畜禽养殖业污染防治技术政策》	环境保护部	2010年12月	畜禽养殖污染防治应遵循发展循环经济、低碳经济、生态农业与资源化综合利用的总体发展战略
《关于实行“以奖促治”加快解决突出的农村环境问题的实施方案》	国务院	2009年2月	通过生产有机肥、还田等方式，有效治理规模化畜禽养殖污染，对分散养殖户进行人畜分离，集中处理养殖废弃物
《国家农村小康环保行动计划》	环境保护部	2006年10月	中央财政资金重点用于支持畜禽养殖污染防治与废弃物资源化利用等方面

表1-2　中国与畜禽养殖废弃物资源化利用相关的法律法规

	发布机构	时间	涉及内容
《中华人民共和国水污染防治法》	全国人民代表大会常务委员会	2017年6月（修订）	国家支持畜禽养殖场、养殖小区建设畜禽粪便、废水的综合利用或者无害化处理设施
《中华人民共和国固体废物污染环境防治法》	全国人民代表大会常务委员会	2016年11月（修订）	从事畜禽规模养殖应当按照国家有关规定收集、贮存、利用或者处置养殖过程中产生的畜禽粪便，防止污染环境
《中华人民共和国畜牧法》	全国人民代表大会常务委员会	2015年4月（修订）	国家支持畜禽养殖场、养殖小区建设畜禽粪便、废水及其他固体废弃物的综合利用设施
《中华人民共和国环境保护法》	全国人民代表大会常务委员会	2014年4月（修订）	从事畜禽养殖和屠宰的单位和个人应采取措施，对畜禽粪便、尸体和污水等废弃物进行科学处置，防止污染环境，各级人民政府应当在财政预算中安排资金，支持畜禽养殖等环境保护工作

续表

	发布机构	时间	涉及内容
《畜禽规模养殖污染防治条例》	国务院	2013 年 11 月	鼓励种养结合消纳养殖粪污
《中华人民共和国农业法》	全国人民代表大会常务委员会	2012 年 12 月（修订）	从事畜禽等动物规模养殖的单位和个人应当对粪便、废水及其他废弃物进行无害化处理或者综合利用
《畜禽养殖污染防治管理办法》	环境保护部	2001 年 5 月	畜禽养殖污染防治实行综合利用优先，资源化、无害化和减量化的原则
《畜禽养殖业污染防治技术规范》	环境保护部	2001 年 12 月	畜禽养殖场建设应坚持农牧结合、种养平衡原则，经处理的粪便可作为土地的肥料或土壤调节剂
《畜禽养殖业污染物排放标准》	环境保护部、国家市场监督管理总局	2001 年 12 月	畜禽养殖业应通过废水和粪便的还田或其他措施对所排放污染物进行综合利用，实现污染物的资源化

二　农业废弃物资源化利用途径方面的研究

国内外相关学者在农业废弃物资源化利用途径方面进行了一系列研究，本部分主要从农户行为意愿影响因素、资源化利用路径及其技术方面进行文献梳理。

（一）有关农户参与行为意愿及影响因素方面的研究

关于农户参与农业废弃物资源化利用行为意愿的研究较多，大多从农户个人特征、家庭特征、市场收益、政策激励、社会资本、组织形式等视角展开（马骥、秦富，2009；何可等，2013；李鹏，2014；郭利京、赵瑾，2014；颜廷武等，2016；黄炜虹等，2017）。已有研究表明，男性养殖决策者环保认知水平普遍高于女性，更加注重农业废弃物资源化利用（何可等，2013）；年龄较小的农户选择资源化利用概率更大（潘丹、孔凡斌，2018）；文化程度越高，其采取资源化处理的意愿越高（张晖等，2011）；担任村干部的养殖户会更加注重起表率作用，会积极参与资源化利用行动；风险偏好程度对中大规模的畜禽养殖户资源化利用的参与意愿影响显著（张维平，2018）。家庭的收入、经济效益会影响农户选择何种上下游产业链纵向关系。个体认知和行为虽以追逐利益为出发点，以利益最大化为目标，但在实践之中受制度和政策的约束，政策在限制人们选择获利行为途径的同时，又可能改善人们逐利行为的效率（李雪娇、何爱平，2016）。在自然资源与环境管理领域，社会资本作为一种手段，对农业废弃物管理及资源化利用具有积极影响（赵雪雁，2010），并且在一定程度上可以促进集体行动、减少"搭便车"行为，从而有效提升人类应对环境突变的适应能力（Adger，2003）。此外，社区社会资本对社区环境治理产生显著影响（谢中起、缴爱超，2013；张俊哲等，2012）。合作社作为一种农村经济组织形式，近年来，其社会功能和在生态建设方面的价值也受到越来越多的重视（张梅、郭翔宇，2011；温铁军、杨帅，2012；张纯刚等，2014；赵泉民、井世洁，2016；胡平波，2018；任晓冬等，2018）。有学者基于全国家庭农场监测数据的研究结果表明，加入合作社对家庭农场选择环境友好型生产方式能够起到积极效果（蔡荣等，2019）。农户对农业废弃物资源化利用的方式选择也是学者关注的重要方面。部分学者运用经典的实证研究方法，如离散选择logit模型、无序多分类Logit模型等对其资源化利用的方式选择行为的影响因素进行了研究。当前关于农户对农业废弃物资源化利用意愿和处理方式选择的影响因素研究已经相当丰富，研究层次逐渐由经济、政治、文化环境等外在客观因素层面，向个体认知、心理因素等内在主观因素层面延伸，进而实现向社会心理学、组织行为学领域渗透。

国内外关于农户环境态度、认知与环境友好行为选择的研究也取得了一定的成果。国外多数学者利用计划行为及其拓展模型，对农民各种与环境相关的意图进行调查与分析，如参与可持续实践（Zeweld et al.，2017；Rohollah et al.，2018）、农业生产多样化（Senger et al.，2017）、农药使用（Bond et al.，2009；Muhammad et al.，2015）、参与环保活动（Meijer et al.，2015；Borges et al.，2016；Van Dijk et al.，2016），使用可再生能源及其相关技术（Liu et al.，2013）等。国内多数学者在研究农户某种行为的影响因素时，往往将农户的环境认知程度作为影响因素之一（李雪芬等，2013；宾幕容等，2017；王颜齐、郭翔宇，2018；黄炎忠等，2018）。也有学者对农户生态环境认知及其行为不一致现象进行了分析，如赵丽平等对农户的生态养殖认知和行为状况进行了考察，发现农户的生态养殖认知与其行为决策之间的相关性不明显，呈现出较强的不一致性，不同因素对农户生态养殖认知和行为的影响程度存在明显的差异（赵丽平等，2015）。有学者基于农户公平性感知视角，从理论上构建了农户农业环境保护意愿向行为转化的分析框架。研究结果发现，农户农业环境保护意愿向行为转化存在条件，当农户公平性感知较高时，意愿能显著转化为行为；反之，意愿对行为没有显著影响。农户公平性感知对行为的影响同时存在直接和间接效应，较低的公平性感知导致农户农业环境保护意愿高于行为（李昊等，2018）。

国内外对于意愿能否转化为行为的理论研究也取得了一定的成果。计划行为理论和自我决定理论认为意愿是行为的前提，促进意愿可以提高转化为行动的有效率（李昊等，2018）。社会心理学和行为经济学认为意愿代表想要执行某行为的程度，当意愿与其行为目标一致时，意愿转化为行动的概率更高；反之，意愿转化为行动受阻（李昊等，2018）。然而从国内外已有的相关研究可知，意愿通常高于行为，意愿转化为行为的有效率较低（傅新红、宋汶庭，2010；Carrington et al.，2010；Shrokova，2016）。目前对农户从意愿转化为行为一致性的研究较少，大多只侧重对农户废弃物资源化利用行为方式影响因素的单独分析。

（二）有关农业废弃物资源化利用途径和技术方面的研究

关于农业废弃物资源化利用途径，按处理技术方式可分为能源化、肥料化、基质化（李鹏等，2012）、工业原料化等（陈智远，2010）；根据废弃物资源是否参与市场流通，可分为非市场化和市场化处理两种途径；根据相关处理技术又可分为不同的利用途径。具体来看，农作物秸秆、畜禽粪便等农业废弃物进行适当加工后，可以转化为根瘤菌生产的培养基（Stephens，Rask，2000）、食用菌生产基质（李谦盛等，2002）、生物质能源（Mursec，Cus，2003）、生物制氢的原材料（Guo et al.，2010）以及肥料。国内外学者认为，对秸秆资源的利用方式有燃料化（毕于运，2010）、饲料化（韩鲁佳等，2002）、肥料化（王亚静等，2010）、原料化（韩鲁佳等，2002）和基料化（崔明等，2008）五种模式。畜禽粪便可处理为肥料、饲料及工业化原料等（陈智远等，2010）；农业废弃物市场化是以农业废弃物参与交易和流通为前提的，目前种植业废弃物市场化处理方式主要包括将秸秆、农膜和农药包装瓶收集无偿赠予或者销售给加工燃料企业、专业再生利用公司、专业危害物品处理中心等。畜禽废弃物市场化处理方式主要包括将畜禽废弃物无偿赠予或者销售给农户、有机肥厂、专业的畜禽废弃物资源再生公司、污染处理企业、合作社等，由此也发展出不同的农业废弃物市场化利用模式。

另外，农业废弃物处理可以采用不同的技术方法，如干燥处理法、除臭法、焚烧法及综合处理法等（李庆康等，2000）、集储装备技术、微生物强化堆肥技术、干法厌氧发酵技术以及纤维素乙醇生产技术等。废弃物循环利用技术是资源化利用途径中的重要手段，国内相关学者探析了农业生产废弃物循环利用技术应用的新进展，并从技术角度分析农业生产废弃物向机械化、无害化、资源化、高效化、综合化发展的可能性（陈智远，2010），在此基础上构建了农业废弃物资源化利用的综合评价指标体系（宋成军，2011）。正如前文所提到的，农业废弃物量大，具有资源化利用的巨大空间或潜力，再加上国家对农业废弃物资源化利用的重视，近些年来，农业废弃物实现肥料化、能源化、基质化、饲料化、材料化利用的力度不断加大。同时，传统农家肥型资源化利用方式虽存在于部分地区，但随着未来的发展，此种方式将逐步退出，产业链资源化利用将成为主要途径（孙若梅，2018）。农业废弃物资源化利用的肥料化、能源化、饲料化、沼气工程等技术已日趋成熟，将这些技术组合起来，有利于延伸农业产业化发展链，提高资源化利用率，减少产业化成本。

三 国内外文献述评

国内外已有文献对农业废弃物资源化利用问题的研究，主要集中在利用方式、路径等方面，研究的视角较为孤立，缺乏系统性思维。前文已经提到，实现农业废弃物资源化利用，不仅是控制农业面源污染、改善农村环境的有效途径，也是发展循环型生态农业、实现农业可持续发展的有效途径。总体来看，现阶段农业废弃物资源化利用的研究范围不够全面，研究体系不够完整，市场体系还未真正构建，从而影响了农业废弃物资源化利用的效率，也在一定程度上影响了农村农业发展的进程，实现农业废弃物资源化利用需要从更广阔视角、更广泛主体等进行阐释。现有文献并未从理论上全面阐述“资源化利用的原因、主体、方式、技术、实现途径、保障措施”等基本问题，也未针对现有环境规制下不同市场主体参与农业废弃物资源化利用的意愿及影响因素进行实证分析，既缺乏理论层面的梳理，更缺少实践层面的案例和数量分析，造成现有研究不够充分。

为更客观、更科学地厘清农业废弃物资源化利用过程中的问题，更细致、更清晰地验证不同市场参与主体对资源化利用的态度，本书拟在此基础上，紧紧立足于全国范围内的基层调研，围绕如下几个方面展开研究，期望能获得有意义的结果。一是系统分析中国农业废弃物资源化的现状，并剖析在实现农业废弃物资源化利用中存在的主要问题。二是探索新发展阶段，实现农业废弃物资源化利用需要破解的困境，以期为提出实现农业废弃物资源化利用对策提供靶向。三是分析不同市场主体的参与意愿及影响因素。农业废弃物资源化利用是一个多主体参与的系统工程，不同主体基于自身利益考虑，参与意愿存在明显的差异，而且其影响因素也不尽相同。通过对这一问题的研究，可以为激励不同主体参与的积极性提供目标。四是分析不同市场主体农业废弃物资源化意愿与行为的一致性，由此甄别影响一致性的主要因素，为提出具有针对性的对策提供依据。

第四节　研究目的和内容

一　研究目的

农业废弃物资源化利用是农业发展方式绿色转型的重要内容，关系到农业生产环境的改善以及农民生活环境的整治。本书的目的在于系统分析农业废弃物资源化利用中的基本问题，诸如资源化利用的主体、方式、技术、实现途径和保障措施等，然后分析不同市场主体参与农业废弃物资源化利用意愿的影响因素，以及意愿转化为行动的影响因素，进而概括提炼已有实践样本对提高农业废弃物资源化利用率的经验与启示，深入剖析实现农业废弃物资源化利用需要解决的核心问题，提出加快实现农业废弃物资源化利用的对策建议，也为加快建设农业废弃物资源化利用的市场化体系提供参考。

二　研究内容

一是从理论层面厘清农业废弃物资源化利用的基本问题。农业废弃物资源化利用是一个复杂的系统工程，对其中相关问题的研究涉及经济学、管理学、行为学、法学等多个学科领域的理论，体现出综合性、互补性特征。因此，在对已有研究文献进行系统梳理的基础上，从不同学科交叉的视角构建农业废弃物资源化利用的理论框架，然后回答资源化利用的原因、主体、方式、技术、途径以及政策保障等问题，能够为进行不同层面的问卷设计、实地调研和实证分析奠定理论基础，为加快实现农业废弃物资源化利用提供研究的范围及重点。

二是从实践层面分析农业废弃物资源化利用的现状，包括市场潜力、存在的问题、突出的困境等。对农业废弃物资源化利用现状进行全面系统的分析，摸清农业废弃物资源化利用市场的“家底”，弄清农业废弃物的空间分布特征、种类特征，进而了解农业废弃物资源化利用的潜力。同时，系统、精准地甄别目前农业废弃物资源化利用中存在的普遍问题，为制定农业废弃物资源化利用的相关政策提供依据。此外，从种植业废弃物资源化利用、畜禽废弃物资源化利用两个层面，分析实现农业废弃物资源化利用存在的突出困境，为制定农业废弃物资源化利用的路径提供导向。

三是从主体层面分析不同主体参与农业废弃物资源化利用的意愿及其影响因素，探讨如何激发不同市场主体参与农业废弃物资源化利用的积极性。研究重点是不同市场参与主体围绕农业废弃物资源化利用的微观决策，以及不同市场主体进行微观决策的影响因素。并通过对不同的市场参与主体进行激励机制分析，进一步了解目前农业废弃物资源化利用中存在的核心问题，为加快农业废弃物资源化利用提供问题导向。

四是分析如何提高主体参与农业废弃物资源市场化行动率，探讨如何将不同市场主体参与农业废弃物资源化利用的意愿转化为行动。以畜禽养殖业为例研究如何提高市场主体参与农业废弃物资源化利用的市场行动率。应探究影响养殖户对畜禽粪污市场化处理意愿与行为的一致性的影响因素有哪些？为提高农户意愿转化为行动有效率的相关政策制定提供建议。同时通过对现有的成功经验的分析，探究对提高农业废弃物资源化利用率的经验与启示，为加快建立农业废弃物资源化利用市场体系提供相关政策借鉴。

五是从政策层面分析如何加快实现农业废弃物资源化利用。加快实现农业废弃物资源化，需要构建一个有效的市场运行机制，在充分发挥市场运作机制在农业废弃资源化利用方面作用的同时，还需要调动市场化主体对农业废弃物资源化利用的市场化运营的积极性，而且需要各种政策保障农业废弃物资源化利用市场化的顺利进行。

第五节　研究思路与方法

一　研究思路

本书的根本出发点是要加快实现农业废弃物资源化利用，提高农业废弃物资源化利用效率，为提升农业生态环境质量做出贡献。如何加快实现农业废弃物资源化利用，首先应从理论上厘清“资源化利用的原因”“资源化利用的主体”“资源化利用的方式”“资源化利用的技术”“资源化利用实现途径”“资源化利用的保障”这六大农业废弃物资源化利用政策建设的基本问题，这六大问题也是实现建立农业废弃物资源化利用的基础；其次，分析农业废弃物资源化利用的现状，包括资源化利用的市场潜力、存在的问题、突出的困境等；再次，分析不同市场主体参与农业废弃物资源化利用的意愿及其影响因素；同时，也要分析主要市场主体参与意愿转化为行动的影响因素对提高农业废弃物资源化利用率的经验启示；最后，从政策保障角度探讨如何加快建设农业废弃物资源化利用政策。

二　研究方法

（一）资料搜集和实地调研相结合

资料搜集方面，一是利用中国期刊全文数据库和外文期刊全文数据库及其他文献库，系统收集、梳理相关文献。二是依据文献梳理及分析，对调查问卷进行精心设计和反复修改。笔者于2018年10—12月在山东、河南、黑龙江和四川这四个省份16个县（市、区）进行了农户问卷调查。通过不同层面的座谈，对基层农业废弃物资源化利用的相关问题有了一定程度的感性认识，同时，还获取了各区县和整个市有关畜禽粪污利用、秸秆还田或回收、农膜农药瓶回收等相关统计、调查、规划、投入等数据。

（二）统计分析法

基于农业废弃物资源化利用中的相关重要指标，如不同种类、不同区域农业废弃物产生量、资源化利用量等，借助历史统计数据与地理信息系统的相关信息，分析评估农业废弃物产生的特征，并从中探讨农作物废弃物产生量的历史趋势。

（三）比较分析法

从国家及相关部门层面，系统梳理现有农业废弃物资源化利用的相关制度，比较研究这些制度实施的绩效、制度设计存在的问题及根源，比如借鉴国外治理粪污和农业面源污染的经验，对比深入分析农业废弃物资源化利用市场建立所需要的制度创新。

（四）问卷调查法

为了保证调查结果的准确、可靠，在完成问卷调查初步设计后，进行了多次小组讨论，对问卷初稿进行修改与完善，并邀请了专家学者对问卷进行修改。其次组织团队成员进行预调查，以检测问卷设计的科学性和合理度与完成一份问卷所需的时间。通过预调查，删掉了一些与调查主题不密切相关的题项，尽可能将一份问卷的调查时间控制在60分钟以内。为保证问卷的真实性和可靠性，选取的调研人员均是具有良好专业基础素养的农业经济管理专业博士研究生和硕士研究生，且采取一对一问答由调研人员当场完成问卷填写的形式进行。

（五）计量分析法

农业废弃物资源化利用市场体系的供给主体，是农场（户）、农业企业，它们参与农业废弃物资源化利用的行为意愿受多个因素的影响。本书采用计量分析法对相关影响因素进行分析，以甄别出关键因素。比如，第五章基于黑龙江、山东、河南、四川四省份的样本农户数据，运用多元有序 logistics 模型分析了农户农业废弃物资源化利用价值与技能感知、成本收益感知与市场回收条件感知对其参与意愿的影响。在此基础上，分析了环境规制政策对农户农业废弃物资源化利用感知—参与意愿关系的调节效应。基于山东、河南、四川三省份养殖户的问卷调查数据，建立多元有序 logistics 模型，研究了养殖户畜禽废弃物资源化利用认知对其参与意愿的影响。并引入环境规制政策作为调节变量，分析了环境规制政策对养殖户畜禽废弃物资源化利用认知—参与意愿关系的调节效应。第六章基于对山东、河南、四川三省份养殖户的问卷调查和访谈数据，运用 UTAUT 理论分析框架与 Logist-ISM 模型，对养殖户畜禽粪污市场化处理意愿与行为的一致性进行分析。

第六节　重难点和创新点

一　本书的重点与难点

（一）农业废弃物资源化利用的基础分析

农业废弃物资源化利用涉及多个层面，因此，本书以农业废弃物资源化利用的基础为焦点，着重探究下列问题。

一是构建农业废弃物资源化利用的理论框架。对研究内容所涉及的学科理论进行系统梳理，为构建农业废弃物资源化利用的分析架构提供理论支撑。

二是农业废弃物资源化利用的原因、主体、方式、技术、实现途径和已有的政策保障是什么？哪些需要进一步探讨？需要厘清“资源化利用的原因”“资源化利用的主体”“资源化利用的方式”“资源化利用的技术”“资源化利用实现途径”“资源化利用的政策保障”等基本问题。

三是农业废弃物资源化利用的环境影响如何？存在哪些突出问题？根据以往相关的研究结论以及广泛的基层调研，笔者认为，农业废弃物不进行资源化利用，一方面造成“资源”的浪费；另一方面造成严重的生态环境问题，降低了广大居民的生产、生活环境质量。为此，需要摸清农业废弃物资源化利用的“家底”，弄清农业废弃物的区域、种类特征和农业废弃物造成的生态环境问题，以及农业废弃物资源化利用的潜力。对农业废弃物资源化利用现状进行剖析，深化了解中国农业废弃物的储量和分布特点，科学评价其污染现状、存在的问题及突出困境，为下一阶段政策决策和科学研究提供基础。

（二）参与农业废弃物资源化利用的主体意愿分析

市场供应主体如何参与农业废弃物资源化利用？农业废弃物资源化利用首先必须考虑到市场的供应主体，农户和养殖户作为最重要的农业废弃物资源化利用的主体，他们能否积极参与到农业废弃物资源化利用之中，是农业废弃物资源化利用市场体系建设的关键因素之一。

1．对农户参与资源化利用的意愿进行分析

基于问卷调查数据，采取计量分析方法探讨农业废弃物资源化利用价值与技能感知、成本收益感知与市场回收条件感知对农户参与农业废弃物资源化利用意愿的影响程度。并引入环境规制政策作为调节变量，分析环境规制政策对农户农业废弃物资源化利用感知—参与意愿关系的调节效应。

2．对养殖户参与资源化利用的意愿进行分析

基于问卷调查数据，采取计量分析方法探讨养殖户畜禽养殖水体污染认知、畜禽养殖环保政策认知、废弃物资源化利用财政补贴政策认知等因素对养殖户畜禽废弃物资源化利用认知对其参与意愿的影响。并引入环境规制政策作为调节变量，分析环境规制政策对养殖户畜禽

废弃物资源化利用认知—参与意愿关系的调节效应。

（三）农业废弃物资源化利用意愿与行动一致性分析

研究如何提高将市场主体参与农业废弃物资源化利用的意愿转化为行动的有效率。以养殖户对畜禽粪污市场化处理意愿和行为一致性为例，基于问卷调查数据，采取计量分析法探讨绩效期望、努力期望、社会影响、促进条件、个体特征与养殖特征对养殖户畜禽粪污市场化处理意愿和行为一致性的影响。

（四）实现农业废弃物资源化利用的对策

加快建设农业废弃物资源化利用是本书的目标，应基于本书的研究成果，对如何加快实现农业废弃物资源化利用提供可行的政策建议。首先，应建立有效的农业废弃物资源化利用市场运行机制。其次，制定相关政策保障农业废弃物资源化利用。最后，在充分发挥市场运作机制在农业废弃物资源化利用方面作用的同时，要激励相关主体尤其是养殖户和种植户参与农业废弃物资源化利用的市场化运营。

二 本书的创新点

本书以农业废弃物资源化利用为焦点，从学科交叉融合的角度构建了实现农业废弃物资源化利用的理论框架，并对农业废弃物资源化利用的原因、主体、方式、技术、实现途径和已有的政策保障进行现状分析，探究了不同市场主体参与农业废弃物资源化利用的意愿及其影响因素，以及将参与意愿转化为行为的影响因素，并从实践案例中总结实现农业废弃物资源化利用的经验启示，最终为加快实现农业废弃物资源化利用提供可行的政策建议。另外，本书还在问题选择、学术观点、话语体系等方面有突破、创新或推进之处。

（一）问题选择上的创新

一是从“农业废弃物资源化利用现状如何”这一基本问题入手，通过分析农业废弃物资源化利用的状况，以及没有得到有效利用带来的资源浪费与严重的生态环境问题，揭示农业废弃物资源化利用市场存在的严重缺陷，从而探索建立农业废弃物资源化利用市场体系的现实基础及关键突破点。与以往研究不同的是，本书以农业废弃物资源化利用市场体系的供给方行为作为分析的切入点，探索引导供给主体参与农业废弃物资源化利用的机制及引导政策。

二是从“如何实现农业废弃物资源化”这一问题入手，分析农业废弃物的不同利用方式及技术现状，讨论现阶段将农业废弃物饲料化、肥料化、能源化等不同方式下的管理模式，实现农业废弃物资源化技术的可持续发展。

三是从“农业废弃物资源化利用市场体系的市场主体参与的意愿如何”这一问题入手，分析不同市场主体参与农业废弃物资源化利用的意愿和意愿转化为行动的有效率，并从已有的成功案例中分析提高农业废弃物资源化产品的需求，探讨引导市场参与选择农业废弃物资源化加工产品（转化产品）的动力机制以及策略。

（二）学术观点上的创新

一是明确了农业废弃物资源化利用市场体系建设的主体。市场体系的构建需要同时考虑供给方、需求方和中间方三个方面，缺少其中任一环节，都将难以形成稳定的市场结构。本书立足于农业废弃物的资源化利用，试图构建完善的农业废弃物资源化利用市场体系，为理论研究和实践活动提供必要的参考。

二是分析了农业废弃物资源化利用市场体系建设的理论问题。市场体系的建立依赖于微观层面上各参与主体的私人利益与宏观层面上社会的整体利益相一致。因为农业废弃物资源化利用本身具有环境公共物品的性质，所以私人利益并不一定与社会利益相一致，这导致农业废弃物资源化利用的市场体系并不一定可以自发建立。因此本书试图探究各参与主体围绕农业废弃物资源化利用进行的微观决策及其影响因素，从而为构建农业废弃物资源化利用市场体系提供参考。

三是探讨了农业废弃物资源化利用市场体系中政府对各个主体的激励机制。激励相容的原则要求市场中的参与主体都有足够的激励，在实现个人利益最大化的同时可以促进农业废弃物的资源化利用，进而提高生态环境质量。为此，要求政府对农业废弃物资源化利用的市场参与主体进行干预。具体来讲，市场机制的建立要求农业废弃物的生产者应当主动选择资源化利用废弃物，而非选择粗放式处理废弃物；要求消费者应当主动选择环境友好型的废弃物及其加工制品，而非选择普通的替代产品；要求技术研发部分应当有充足的研发投入，用于降低农业废弃物利用的技术成本，提高技术效率。通过分析各个主体的激励机制，为提高农业废弃物资源化利用有效率的政策制定奠定基础。

四是测算了农业废弃物资源化产品的市场需求和供给能力。为更好把握中国农业废弃物资源化利用的市场现状，需明确农业废弃物需求变化情况，了解农业废弃物资源化产品市场化的潜力，为构建稳定的市场体系奠定基础。

五是分析了影响农业废弃物资源化利用市场体系各主体行为选择的因素。农业废弃物资源化利用市场体系中，农户和养殖户等主要市场主体能否积极参与农业废弃物资源化利用、中间主体是否会研发更好的利用技术，以及消费者是否会选择资源化产品，需要对他们的行为意愿影响因素进行分析，甄别出关键影响因素。

（三）话语体系上的创新

本书属于典型的学科交叉与融合的研究项目。从自然科学的角度而言，涉及环境技术经济、生态科学、环境科学、工程科学等多个学科；从社会科学的角度而言，涉及农业经济学、生态经济学、资源环境经济学、管理学等多个学科。本书就是要致力于自然科学与自然科学的交叉、社会科学与社会科学的交叉、自然科学与社会科学的交叉，在学科交叉的过程中形成创新性成果，在“头脑风暴”中形成创新性思想，正是在推进学科交叉的过程中实现话语体系的创新。

第二章

概念界定及理论基础

针对农业废弃物资源化利用，本章对涉及的几个重要概念进行界定，并对相关基础理论进行系统的总结与归纳，为系统开展农业废弃物资源化利用相关问题研究提供概念及理论基础。

第一节　概念界定

在本书中，农业废弃物、农业废弃物资源化利用以及农业废弃物资源化市场运作等都是重要概念，这里对其概念及内涵进行明确。

一　农业废弃物

近年来，农业废弃物及其资源化利用备受学术界的广泛关注，不少学者从农业废弃物的内涵与外延上形成了独特的见解。孙振钧在国内较早提出了农业废弃物的概念，认为应该包括植物类残余废弃物（作物稻秆等）、动物类残余废弃物（畜禽粪便等）、加工类残余废弃物和农村城镇生活垃圾（孙振钧，2006）。此后，孙永明等在上述概念的基础上，对农业废弃物概念进行了补充，并从广义上对其概念及范畴进行了界定，即农业废弃物是指整个农业生产过程中所丢弃的有机类物质（孙永明，2005；贾玉，2008；庞燕，2010）。本书所讲的农业废弃物，是指农业生产和农村居民生活中不可避免的一种非产品产出，主要包括农作物秸秆、谷壳、果壳及甘蔗渣等农产品加工废弃物等植物纤维性废弃物和畜禽粪便、冲洗水、人粪尿等动物性废弃物。除此之外，还包括农业生产过程中投入品带来的废弃物，如农药包装物、废弃农膜等。由此，可以将农业废弃物分为种植业废弃物和养殖业废弃物两类。

二　农业废弃物资源化利用

农业废弃物资源化利用不仅是党中央、国务院高度关注的重要问题，也是学术界研究的热点与焦点问题。2016 年 8 月，农业部等部门联合印发《关于推进农业废弃物资源化利用试点的方案》，该方案将试点任务界定为畜禽粪污、病死畜禽、农作物秸秆、废旧农膜及废弃农药包装物等。农业废弃物资源化是将农业废弃物直接作为原料进行利用或者对农业废弃物进行再生利用，与其他环境资源一样，农业废弃物资源化同样具有使用价值与非使用价值，也具有生态价值、经济价值和社会价值（何可，2016）。本书结合已有对农业废弃物及其资源化利用的界定，认为农业废弃物资源化利用应主要从种植业废弃物资源化利用和畜禽养殖废弃物资源化利用两个方面进行推进，种植业废弃物资源化利用主要包括对农作物秸秆、废旧农膜及废弃农药包装物的再生利用；畜禽养殖废弃物资源化利用主要包括对畜禽粪污、病死畜禽的再生利用。根据对已有文献的梳理，本书认为农业废弃物资源化利用是将畜禽粪污、病死畜禽、农作物秸秆、废旧农膜及废弃农药包装物等废弃物视为特殊形态的农业资源，通过各项措施与技术将其转化为能源以及投入品，最大限度地发挥废弃物的生态价值、经济价值和社会价值，并实现种植业与养殖业之间的生态循环的过程。

三　农业废弃物资源化市场运作

充分利用市场手段将农业废弃物进行市场化运作，可以在提高资源化利用率的同时又从根本上解决农业废弃物污染问题。目前中国农业废弃物资源化市场运作还处于“萌芽、摸索”阶段，农业废弃物资源化市场交易体系还未建立起来，该体系的建立不同于一般的商品市场交易体系，除了需要供给者、需求者以及中间者等主体的积极参与，还需要有效的机制，尤其是形成农户参与农业废弃物资源化利用并实现市场化的激励机制（周利平等，2015）。市场化运作需通过市场主体与市场客体在市场制度和规则下交易与互动才能得以实现（张帆、曾铮，2009），农业废弃物市场化是以农业废弃物参与交易和流通为前提的，目前种植业废弃物市场化处理方式主要包括将秸秆、农膜和农药包装瓶收集无偿赠予或者销售给加工燃料企业、专业再生利用公司、专业危害物品处理中心等，畜禽废弃物市场化处理方式主要包括将畜禽废弃物无偿赠予或者销售给农户、有机肥厂、专业的畜禽废弃物资源再生公司、污染处理企业、合作社等。由此也发展出不同的农业和畜禽养殖废弃物市场化利用模式。目前农业废弃物资源化市场体系建立面临诸多问题，其中最基本的问题就是市场主体参与度低。

因此，为促进农业废弃物资源化利用市场运作，需通过对不同市场参与主体的激励机制进行分析，考察不同市场参与主体对于农业废弃物资源化利用的微观决策，以及影响不同市场参与主体微观决策的因素，关注目前农业废弃物资源化利用市场体系建设中存在的核心问题，即市场主体参与度问题，将有助于为政府发挥引导市场体系建设的作用提供政策建议。

第二节　理论基础

前文已经提出，农业废弃物资源化利用是一个系统工程，涉及不同的市场主体。对农业废弃物资源化利用中所涉及问题的研究，还需要一定的理论作为基础。这里从实现农业废弃物资源化利用的经济观、管理观、行为观、政策观以及发展观等几个方面，对理论基础进行系统梳理。

一　资源利用价值——经济观

正如前文所讲，农业废弃物具有资源性特点，农业废弃物资源化利用不仅可以实现一定的经济效益，更重要的是可以实现生态效益和社会效益，这也正是新发展阶段破解社会主要矛盾的一个重要内容或者路径。从经济观来看，农业废弃物资源化利用的理论基础涵盖了循环经济理论、公共物品理论、激励理论等。

（一）循环经济理论

20 世纪 60 年代，美国著名生态经济学家鲍尔丁（K. E. Boulding）提出了“宇宙飞船经济理论”，指出循环经济实质是物质闭环流动型经济。1990 年，英国环境经济学家皮尔斯（D. Pearce）等对循环经济进行了规范。此后，国内外学者从不同角度开展了更广泛的研究，并逐渐形成了循环经济的概念和方法论体系。循环经济是将人、资源和现代科技有机结合在封闭的生态系统内，实现“资源投入—产出—消费—废弃物—转化利用—资源”链条的衔接与完善，实现传统线性经济发展向产业链条衔接与循环发展的转变，追求污染排放最小化与资源的无限循环利用，将清洁生产、生态优化、废弃物综合利用和可持续消费等融为一体的经济发展模式。农业废弃物综合利用及其产业发展是循环农业乃至循环经济的一个重要方面，其中作物秸秆的资源化、无害化、规模化处理是亟待解决的问题，通过循环经济途径化废为利，使之用作燃料、饲料、肥料或工业原料，实现资源化，具有非常重大的现实意义。部分学者认为，基于循环经济发展理念的农业废弃物资源化（何可、张俊飚，2013），是破解农业可持续发展困境的有效选择（何可、张俊飚，2014）。加快推进农业废弃物资源化利用，是控制农业环境污染、实现农业绿色转型和可持续发展的必由之路。

（二）公共物品理论

从微观经济学中对公共物品理论的定义来看，公共物品通常具有三个基本特征，包括效用的不可分性、消费的非竞争性和受益的非排他性。

由于农村居民生活水平的提高，劳动力成本不断上升，以及化肥、农药等现代生产要素的普遍使用，农业生产中的秸秆、养殖粪污等本来可以作为有机肥原料，却由资源变身为废弃物或污染物，导致农业面源污染；再加上农业生产过程缺乏监管，也难以监管，导致农业废弃物多被弃置于田间地头、沟渠、路边等。出于个人或家庭收益最大化的目的，种植主体和养殖主体自身往往不会主动去考虑焚烧、农膜农药瓶的丢弃和养殖活动对生态环境的影响，从而导致其私人边际成本小于社会边际成本，而在收益方面却是私人边际收益大于社会边际收益。环境的公共物品属性致使本应由种植主体和养殖主体承担的环境成本成为全社会的共同成本支出，社会整体收益被农户个体无偿占有和使用，社会整体福利下降。基于市场角度对公共物品进行配置和对废弃物资源化利用过程中会存在一定的市场失灵和诸多缺陷。

因此，考虑市场失灵和政府具有承担公共物品的供给责任等现实，建立农业废弃物资源化利用市场交易体系，要综合运用经济、行政等手段，尤其是充分发挥政府主导作用，对农作物秸秆、农药包装物、废弃农膜及养殖粪污进行统一监管，提供准确、及时、充分的环境信息，推动受益者对资源利用行为进行付费或其他资金支持途径，对保护者行为和资源化利用提供者进行补偿。政府可以通过补贴来激励农业废弃物资源化利用，从根本上保护公共物品资源，杜绝秸秆焚烧屡禁不止，病死畜禽被随意丢弃在水沟、鱼塘、马路边等现象。

（三）激励理论

激励理论主要研究如何调动人的积极性，该理论认为，工作效率和劳动效率与职工的工作态度有直接关系，而工作态度则取决于职工需要的满足程度和激励因素。哈维茨（Leonid Hurwicz）创立的“激励相容”指出，有效的制度安排可以使行为主体追求个人利益时，正好与社会集体最大化目标相吻合。

具体到农业废弃物资源化利用的市场机制，“激励相容”的原则要求市场中的参与主体都有足够的激励，在实现个人利益最大化的同时可以促进农业废弃物的资源化利用，进而提高生态环境质量。也就是说，市场机制的建立依赖于微观层面上各参与主体的私人利益与宏观层面上社会的整体利益相一致。农业废弃物资源化利用本身具有环境公共物品的性质，因此私人利益并不一定与社会利益相一致，所以农业废弃物资源化利用的市场体系并不一定可以自发建立，政府对农业废弃物资源化利用的市场参与主体进行干预是有理论依据的。具体来讲，市场机制的建立能够促使农业废弃物生产者主动选择资源化利用废弃物，而非粗放式处理废弃物；促使消费者主动选择环境友好型废弃物加工制品；促使技术研发部门将充足的研发投入用于降低农业废弃物利用的技术成本，提高资源化利用效率。

二　市场运行机制——管理观

新公共管理理论主张政府加强其公共服务职能，广泛借鉴私营机构的竞争机制和管理经验，提高人员录用、管理、工资等方面的效率，将一部分的社会公共事务管理权力由政府下放给社会。该理论认为政府是政策的制定者而不是具体执行者，应广泛引入市场竞争机制提高公共服务的质量和效率，让私营机构更多地参与提供公共服务，节省公共服务成本，以竞争的手段提高公共服务的质量和效率。追求效率是公共行政的出发点和落脚点。

具体到农业废弃物资源化利用的市场机制，中国目前仍然是以政府为主导，没有建立集“收集—储存—运输—销售—利用”于一体的多主体、互动式的农业废弃物资源化市场体系。在制定该市场交易体系的过程中，了解和吸取西方国家在农业废弃物资源化利用管理改革实践中取得的经验和教训，适当引进和改良，对构建中国农业废弃物资源化利用市场运行机制具有积极意义。

三 处理行为选择——行为观

农业废弃物资源化利用需要不同市场主体采取统一的行为，特别是作为农业生产主体的农户、合作社、家庭农场等的行为，直接影响着农业废弃物资源化利用的成效。为此，需要利用农户行为理论、整合型技术接受与使用模型理论等对其进行分析。

（一）农户行为理论

农户行为理论认为，农户的生产行为是一个系统化的决策过程，其理论依据来源于农户对于生产的需求、目的，以及内外约束条件等各方面的因素。也就是说，从需求动机开始，在相关约束条件的共同作用下，农户对经营目标不断进行修正，并以外在行为作为最终的表象，从而组成农户的生产经营行为，而上述流程的往复循环就构成了农户对生产行为的系统化决策过程（侯国庆，2017）。目前学术界对农户行为理论的研究主要分为组织生产学派、理性行为学派、历史学派三大流派。其中，“理性小农”理论的代表人物舒尔茨（Thodore W. Schultz）、波普金（Samuel L. Popkin）等认为，农民是理性的个人或家庭福利的最大化者，是一个在权衡了长短期利益、风险大小以后，为追求最大生产利益而进行合理选择的人（韩东林，2007），其行为都是理性的，会对价格等经济刺激产生反应（李宗正，1996）。一方面，农户生产的目的是追求利润最大化，他们对农业生产的经济效益的关注高于对农产品安全和农业生产环境的关注（Popkin，1980）。基层调研也发现，如果政府不给补贴，有40%的农户不愿意参与农业废弃物资源化利用；如果需要农户自己支付成本，有70%的农户不愿意参与农业废弃物资源化利用。由此可见，农户作为理性的经济人，首先关注的是经济收益，即使农户的家庭农业生产年收入不错，他们也不愿意自掏腰包来参与农业废弃物资源化利用。另一方面，舒尔茨明确指出，农民持有和获得收入来源的偏好和动机状况在很长一个时期保持不变，且引入一种生产要素将意味着打破长期形成的常规，意味着风险和不确定性。因此，仅仅考虑预期收入是不够的，还必须从经验中了解这些要素中固有的新风险和不确定性（西奥多·W. 舒尔茨，1999）。

农业废弃物自农业生产伊始就存在，并不新鲜，但是自传统农业走向化学农业后，对其进行资源化利用就变成了一个新鲜事物，也成为了一个难题。农业废弃物资源化利用是否有利于增加农户收入，存在着不确定性。如农作物秸秆还田，种植户要支付每亩 50 元的成本，外加灭茬、耕地旋耕等机械费用，此外，为了防止秸秆腐烂过程中发生虫害，还需要增加农药的使用量。因此，单纯从经济效益上来看，秸秆还田非但没有增加农民的收入，反而增加了农户的生产成本。对畜禽养殖户而言，尽管其养殖决策会受到各方面制约因素的影响，但养殖户畜禽养殖决策最终还是以个人或家庭收益最大化为主要目标，进而成为养殖户生产经营决策的基础。

（二）整合型技术接受与使用模型（UTAUT）理论

Viswanath Venkatesh 等于 2003 年针对“影响使用者认知因素”的问题，提出所谓“权威模式”的模型。不同的研究者和专家从认知行为学的角度，提出了许多理论和模型来研究人们的行为意愿，并识别出与行为意愿及其前因与实际行为相关的社会心理结构，如理性行为理论、计划行为理论、激励保护理论、交互决定理论等。这些组织行为学和社会心理学领域的理论在农业和农村发展的背景下也具有很大的适用性（Christian，2013）。理性行为理论是已有态度行为理论中最基础和最有影响力的理论之一。其基本假设认为，人是理性的，在做出某一行为前会综合各种信息来考虑自身行为的意义和后果（Ajzen，

Fishbein，1980）。计划行为理论是 Icek Ajzen 在 20 世纪 90 年代提出的一种解释行为的一般模型，用来解释预测变量及其相互关系以及与行为的关系，是理性行为理论的改进和拓展。中心假设是，行为直接由执行该行为的意愿决定，意愿又取决于对行为的态度、与行为相关的主观规范以及感知的行为控制（Ajzen，1991）。同时，班杜拉（Albert Bandura）的“交互决定论”描述了行为、认知和环境三者之间的动态交互关系，一方面个体认知会影响个体行为，而个体行为的反馈结果又会影响个体认知；另一方面环境作为行为作用的对象和条件，将会对行为的作用方向和强度产生影响，而个体认知和行为也会改变环境来适应人们的需求（A. 班杜拉，2001）。

UTAUT 模型是将理性行为理论、计划行为理论、创新扩散理论、社会认知理论和技术接受模型、复合的 TAM 与 TPB 模型、PC 利用模型、动机模型等理论中的论点进行了优势整合，具体包括绩效期望、努力期望、社会影响、促进条件 4 个核心变量和包含个人特征的控制变量，由于该模型对个体的行为意愿及具体的行为选择的解释力可达 70% 而受到普遍的认可和运用。尽管该模型大多被运用于信息技术领域，但目前已有不少学者将该模型运用于农户环境行为与决策领域、养殖户畜禽粪污的资源化利用方式与行为研究（王建华等，2019）。已有研究表明，绩效期望、努力期望、促进条件、养殖户个人特征、养殖场特征显著影响农户对有机农业采纳（高杨等，2016）或养殖户对粪污治理技术采纳的态度、畜禽粪污资源化处理方式（王建华等，2019）等。

四　保障体系构建——政策观

环境正义论是农业废弃物资源化利用法律制度的重要法学理论支撑，该理论强调不同区域间环境权利与义务的公正分配和社会公平问题。建立农业废弃物行为规范的法律法规是环境正义论精神的体现，同时也是实现环境正义的重要途径。

农业废弃物资源化利用法学的核心是制度建设，制定相关政策和法律法规、政策保障体系是当务之急。政府介入对农业废弃物资源化利用尤为重要，政府采取惩罚与补贴双向规制更有利于多途径促进农户进行农业废弃物资源化利用。针对农业废弃物造成环境污染的情况，从国外治理农业废弃物污染经验来看，荷兰、欧盟、日本、德国等都颁布实施了一系列法律法规，并构建了行之有效的法规体系。虽然中国也先后出台了一系列政策和法律法规加以规定和约束，但是在农业废弃物资源化利用市场体系方面不健全，影响农业废弃物资源化利用全产业链发展的进程。促进农业废弃物资源化利用的政策措施可概括为两类：一类是约束型政策，此类政策的基本特征是政府等监管部门以罚款和关停等命令强制性手段约束养殖户行为；另一类是激励型政策，此类政策的主要特征是政府以秸秆粉碎还田补贴、农药包装瓶回收补贴、粪污处理设施补贴和技术培训等措施确保农户能便捷而科学地进行农业废弃物资源化利用。无论是约束型政策还是激励型政策，其主要目的是规范和扶持种植户和养殖户规范农业废弃物资源化利用行为。因此，加快建立农业废弃物资源化利用交易制度，制定政策保障体系是未来中国农业废弃物资源化利用工作的必然要求和现实需求。

五　理论构建目标——发展观

从发展的视角来看，实现农业废弃物资源化利用，改善农业生产环境质量是保障农产品质量安全的有效途径。因此，可持续发展理论、绿色发展理论可以为农业废弃物资源化利用相关问题的研究提供理论基础。

（一）可持续发展理论

随着社会经济的发展，越来越多的学者开始专注于研究环境问题。特别是在当前生态文明建设受到如此重视的环境下，合理构建农业废弃物资源化利用市场体系，具有较强的现实价值。可持续发展概念的提出是在1987年第八次世界环境与发展委员会中通过的《我们共同的未来》报告中，其认为可持续发展是既满足当代人的需要，又不对后代人满足其需要的能力构成威胁的发展。随后，刘培哲等先后对可持续发展的概念做出了不同阐述（刘培哲，1994；王军，1997；冯华，2004）。国内研究从初期的污染治理和环境保护，发展到如今已成为世界发展的主流思想，上升为一种人类规范未来的统一认识，更是一种行为纲领。可持续发展理念已渗透至各行各业，特别是农业及农业经济发展领域。作为基础性产业，农业直接利用自然资源进行生产，对自然资源和生态环境具有较大依赖性，其可持续发展对整个国家和地区的可持续发展起着至关重要的作用。其生产过程中产生的农业废弃物如不能得到有效综合整治，势必造成生态环境的破坏，因此必须以可持续发展理念为指导，加强农业废弃物资源化利用。

（二）绿色发展理论

党的十八届五中全会把绿色发展作为新发展理念之一，明确提出坚持绿色富国、绿色惠民，推进美丽中国建设。这不仅是发展理念的新定位、新高度，更是务实可行的发展手段与工具。相对于可持续发展理论，绿色发展理论的逻辑性、系统性更强，成为“十三五”乃至更长时期中国发展的行动指南。绿色发展理论最鲜明的特点就是解决了“发展质量”问题，使得发展路径和模式更加科学。

从生态系统与经济系统之间的关系演变来看，改革开放之初，成功地把被生产关系束缚的生产力释放出来，同时对生态系统带来了巨大的冲击；目前深化改革的重点则拓展到把被经济系统冲击的生态系统保育好，为实现社会经济的高质量发展提供基础。这正是中国提出绿色发展的背景。

绿色发展因其直观而被广泛接纳，但其有着丰富的内涵和外延。首先它是一种设计理念和方法，并且以资源节约和环境保护为宗旨；

其次它是一种新型发展模式，强调生态保护和资源利用；最后它强调以人为本的同时，要充分考虑资源的承载能力以及生态环境的容量。基于此，绿色发展的内涵可以概括如下：在目标层面，实现社会经济和资源环境的可持续发展；在要素层面，资源环境作为发展的内在要素；在路径层面，则是实现发展方式的绿色化、生态化转型。

第三章

农业废弃物资源化利用现状与问题分析

党的十八届五中全会提出新发展理念之后，绿色发展逐渐成为时代的主旋律。农业废弃物资源化利用也得到高度关注，国家出台了一系列政策措施推动农业废弃物资源化利用率的提高。但是，目前农业废弃物资源化利用中，畜禽养殖废弃物污染现象并未得到彻底改善，农药包装物、废弃农用薄膜的回收、资源化利用没有形成有效的链条。这些问题成为实现农业可持续发展，以及乡村生态振兴的突出短板。全面实现共同富裕的战略目标，必须有效地解决这些短板问题。特别是在“十四五”乃至更长时期实现农村环境治理体系与治理能力现代化进程中，这些问题也是重点内容。本章系统地分析了“十三五”时期中国农业废弃物资源化利用的现状、存在的问题及面临的困境，明确了“十四五”时期农业废弃物资源化利用的目标、重点任务。

第一节　“十三五”时期农业废弃物资源化利用的现状

2016 年 8 月，农业部、国家发展改革委、财政部、住房和城乡建设部、环境保护部、科学技术部联合印发《关于推进农业废弃物资源化利用试点的方案》，该方案将试点任务界定为畜禽粪污、病死畜禽、农作物秸秆、废旧农膜及废弃农药包装物等类型。2017 年 2 月，农业部印发的《“十三五”农业科技发展规划》将秸秆等农业废弃物资源化利用列入重大科技任务，通过集成创新一批技术先进、切实可行的资源化利用技术，实现农业废弃物资源化利用率的提高。根据前文对农业废弃物资源化利用的界定，从种植业废弃物资源化利用和畜禽废弃物资源化利用两个方面进行分析。

一　农作物秸秆资源化利用状况

农作物秸秆是在农业生产过程中，通过光合作用形成的生物资源。从农业生态系统学原理来讲，农作物秸秆资源化利用方式直接决定着系统的物质循环能否实现，不同的方式可能会影响到耕地土壤肥力的保持，以及环境质量的健康（于法稳、杨果，2018）。农作物秸秆在 20 世纪 70 年代前后产量较少，多被用于生活燃料和饲料。但是，随着人们生活水平的逐步提高，以及农村劳动力的转移，能源消费结构也逐渐发生变化。同时，农作物秸秆资源化利用成本较高、产业程度较低，加之近年来中国环境保护工作的高度监管，农作物秸秆出现剩余。

采用农作物的年产量以及谷草比，二者的乘积即为该作物的秸秆产量：

$$ACSTA = \sum_{i=1}^{n} ACA\ Y_i \times \lambda_i$$

其中，$ACSTA$ 为区域农作物秸秆产生量，单位为万吨；$ACA\ Y_i$ 为区域某一农作物的年产量，单位为万吨；i 为农作物的种类，$i=1$，2，3，…，n；λ_i 为区域第 i 种农作物秸秆的谷草比（见表 3－1）。

表 3－1　　不同农区主要农作物谷草比　　（单位：千克）

	省份	水稻	小麦	玉米	豆类	薯类	棉花	花生	油菜
华北农区	北京、天津、河北、山西、内蒙、山东、河南	0.93	1.34	1.73	1.57	1.00	3.99	1.22	—
东北农区	辽宁、吉林、黑龙江	0.97	0.93	1.86	1.70	0.71	—	—	—
长江中下游农区	上海、江苏、浙江、安徽、江西、湖北、湖南	1.28	1.38	2.05	1.68	1.16	3.32	1.50	2.05
西北农区	陕西、甘肃、青海、宁夏、新疆	—	1.23	1.52	1.07	1.22	3.67	—	—
西南农区	重庆、四川、贵州、云南、西藏	1.00	1.31	1.29	1.05	0.60	—	—	2.00
南方农区	福建、广东、广西、海南	1.06	1.38	1.32	1.08	1.41	—	1.65	—

资料来源：2015 年国家发展和改革委员会办公厅与农业部办公厅发布的《关于开展农作物秸秆综合利用规划终期评估的通知》。

由于农业生产受自然因素影响较大，产量在一定程度上具有波动性，为了消除这种波动性，采取不同时期 5 年的平均值来匡算秸秆产量，“九五”至“十二五”时期农作物秸秆产量匡算结果如表 3－2 所示。从“九五”到“十二五”时期，农作物秸秆产量是增加的，增长率为 27.24%。水稻、小麦、玉米三种主要农作物秸秆产量也都是增加的，增长率分别为 4.35%、10.71%、76.54%。尽管棉花、花生、油菜籽、向日葵、甘蔗等农作物秸秆产量也在增加，但它们所占比例较低，对秸秆总产量的影响不大。另外，谷子、高粱、其他谷物、豆类、薯类、芝麻、麻类等农作物秸秆产量是减少的。

表 3－3 是不同地区 2018 年的农作物秸秆产量。华北农区、东北

农区、长江中下游农区农作物秸秆产生量较高，其中，华北农区秸秆产生量最高，长江中下游次之。根据《“十三五”农业科技发展规划》，农作物秸秆综合利用率达到85%以上。目前，中国秸秆利用方式基本形成了肥料化利用为主，饲料化、燃料化稳步推进，基料化、原料化为辅的综合利用格局。

表3－2　　不同时期农作物秸秆产量　　（单位：万吨，%）

	“九五”时期	“十五”时期	“十一五”时期	“十二五”时期	变化率
稻谷	19030.34	16925.54	18439.93	19857.48	4.35
小麦	11476.26	9476.99	11546.79	12704.94	10.71
玉米	16407.66	17012.06	22222.39	28966.24	76.54
谷子	406.14	292.31	218.98	266.01	－34.50
高粱	553.61	396.26	290.06	387.90	－29.93
其他谷物	1271.72	1000.72	778.53	684.71	－46.16
豆类	3273.06	3697.46	3281.13	2889.73	－11.71
薯类	2154.30	2167.74	1781.06	2020.03	－6.23
棉花	1293.19	1628.23	2099.17	1890.88	46.22
花生	1785.93	2168.63	2144.79	2512.00	40.66
油菜籽	2915.53	3572.26	3622.76	4295.64	47.34
芝麻	42.90	46.35	38.58	40.18	－6.35
向日葵	92.20	103.76	104.07	145.14	57.42
麻类	103.36	159.00	100.29	41.75	－59.61
甘蔗	1867.52	2162.46	2802.85	3041.65	62.87
合计	62673.72	60809.76	69471.39	79744.27	27.24

资料来源：根据国家统计局网站（https://data.stats.gov.cn/）数据整理得到。

表3－3　　2018年不同地区农作物秸秆匡算量　　（单位：万吨）

	小麦	玉米	豆类	薯类	棉花	花生	油菜	合计
华北农区	10745	18544	656	499	206	1205	—	32611
东北农区	35	15707	1294	112	—	—	—	20785

续表

	小麦	玉米	豆类	薯类	棉花	花生	油菜	合计
长江中下游农区	4646	2992	505	365	141	409	1297	24354
西北农区	1646	3417	84	464	1892	—	—	7503
西南农区	501	3233	328	767	—	—	386	8129
南方农区	388	449	54	331	—	323	—	4277
合计	17961	44342	2921	2538	2239	1937	1683	97659

资料来源：根据国家统计局网站（https://data. stats. gov. cn/）数据整理得到。

2015 年 12 月，国家发展和改革委员会办公厅与农业部办公厅发布《关于开展农作物秸秆综合利用规划终期评估的通知》，评估结果显示，2015 年全国主要农作物秸秆综合利用率为 80. 1%。截至目前，在全国秸秆综合利用率达到 85. 45% 的情况下，仍然有约 15% 的秸秆未被回收利用，按照表 3 - 3 显示的 2018 年 7 类农作物秸秆产量来计算，约有高达 1. 5 亿吨的秸秆未被利用。

二 畜禽养殖废弃物资源化利用状况

（一）畜禽粪污产生及利用

中国畜禽养殖业的快速发展为农民增收和城乡居民生活改善做出了重要贡献，但是，养殖废弃物资源化利用水平过低带来的可持续发展问题同样突出，成为畜禽养殖专业化、养殖总量快速增长和种植业经营模式转变等因素共同作用下产生的阶段性难题（姜海等，2015）。

按照规模和经营特征，中国畜禽养殖场可以分为规模化企业型养殖场、集约化家庭农场型养殖场、传统农户型小散养殖户三种类型。当前中国畜禽养殖场户总数稳步下降，小散畜禽养殖户数量依然巨大，规模化企业养殖场稳步增加，集约化家庭农场养殖场呈现上升趋势。一是畜禽养殖场户总数稳步下降。2007—2015 年，中国生猪养殖场户总数从 8234. 83 万个下降到 4655. 90 万个，蛋鸡养殖场户总数从

2993.43 万个下降到 1393.28 万个，9 年间分别下降了 43.46% 和 53.46%。其中，年出栏 99 头以下的生猪养殖场户下降了 44.25%，年出栏 9999 只以下的蛋鸡养殖场户下降了 53.57%。二是小散畜禽养殖户数量依然巨大。2015 年年底，年出栏 99 头及以下的养猪场户数量为 4553.56 万个，年出栏 9999 只及以下的蛋鸡养殖场户数量为 1393.28 万个。三是规模化企业型养殖场稳步增加。2007—2015 年，年出栏 500 头及以上的生猪养殖场从 12.39 万个增加到 26.46 万个，增长 113.51%，占比分别为 0.15% 和 0.57%；年出栏 5 万只及以上的蛋鸡养殖场从 1006 个增加到 3342 个，增加了 232.21%，占比分别为 0.003% 和 0.02%。另外，从出栏头数的比例看，2007 年，年出栏 500 头以上的规模化养殖场出栏的生猪头数占全国出栏生猪总头数的 22%，2015 年这一比例上升至近 50%。四是集约化家庭农场型养殖场呈现上升趋势。2007—2015 年，年出栏 100—499 头的生猪养殖场户和年出栏 10000—49999 只的蛋鸡养殖场户呈现上升趋势，这类畜禽养殖场一般是以家庭农场方式养殖，具有集约化养殖的特征。2007 年和 2015 年，年出栏 100—499 头的养殖场（户）数量分别为 54.20 万个和 75.88 万个，上升 40%，占生猪养殖场户总数的比例分别为 0.66% 和 1.63%；2007 年和 2015 年，年出栏 10000—49999 只的蛋鸡养殖场户数量分别为 15599 个和 38138 个，上升了 144.49%，占蛋鸡养殖场户总数的比例分别为 0.05% 和 0.27%。

在畜禽养殖业不断发展的过程中，由于缺失必要的环保设施，无法有效处理畜禽粪便、产生的废水等废弃物，对周边环境造成污染，并给养殖区周边居民生活带来影响（李乾、王玉斌，2018）。本书利用公式（3-1）测算不同时期中国几种主要畜禽的粪尿产生量、COD 产生量、氮磷总量。

$$Q = \sum_{i=1}^{n} N_i \times T_i \times P_i \qquad (3-1)$$

其中，Q 代表畜禽的粪尿产生量、COD 产生量、氮磷产生量，单位为万吨；N_i代表饲养量，单位为万头（匹、只）；T_i代表饲养期，单位为天；P_i代表产排污系数，单位为千克/天或克/天；i代表第i种畜禽。产排污系数P_i参考2009年的《畜禽养殖业源产排污系数手册》及已有研究结果，根据畜禽各饲养阶段的天数，对产排污系数进行了适当修正（见表3－4）。依据《关于减免家禽业排污费等有关问题的通知》（环发〔2004〕43号）中明确的各类畜禽的饲养期[①]，对1999—2019年中国畜禽的粪尿产生量、COD产生量、氮磷产生量分别进行了匡算。结果表明，中国畜禽养殖粪尿产生量巨大，其次是COD产生量，最后是氮磷产生量。1999—2014年，中国畜禽粪尿产生量呈线性增加的趋势，2014年粪尿产生量高达17.82亿吨，2014年以后出现下降的趋势，在2019年下降至16.15亿吨（见表3－5）。原因可能是2014年第一个全国性的畜牧业污染防治条例开始实施，国家对该产业的布局选址、环评审批、配套设施建设、废弃物处理方式、利用途径等环节均做出了规定。随着环境规制的不断增强，生猪、肉牛等饲养量出现小幅下降，同时畜禽废弃物资源化利用得到重视，资源化利用水平逐渐提高，使得畜禽粪尿产生总量有下降的趋势。根据2019年各类畜禽粪尿产生量占比可以看出，肉牛、生猪、家禽、奶牛四类动物的粪尿产生量位居前四位，分别占34.06%、25.08%、23.67%、10.16%，四类畜禽粪尿产生量已经占到了全部粪尿产生量的92.96%，兔、马、驴、骡、羊五类畜禽的粪尿产生量占比较少（见图3－1）。从区域分布来看，华东区、西南区、中南区是中国畜禽粪尿产生量较多的区域，分别占23.57%、20.30%、19.17%，华北区、东北区、西北区占比大致相同，均在12%左右。在各区粪尿产生量排名中，位居前三位的畜禽：华东区为家禽、生猪和肉牛，分别占

---

① 猪的饲养期为199天，以出栏量作为饲养量；家禽的饲养期为210天，以出栏量作为饲养量；兔的饲养期为90天，以饲养量计算；牛、羊、马、驴、骡的饲养期大于365天，以年底存栏量作为饲养量。

58.86%、18.77%和13.30%；西南区为肉牛、生猪和家禽，分别占52.60%、24.77%和8.52%；中南区分别为生猪、肉牛和家禽，分别占43.97%、26.01%和22.52%；华北区为肉牛、奶牛和生猪，分别占30.73%、23.61%和16.10%；东北区为肉牛、家禽和生猪，分别占37.92%、23.07%和21.72%；西北区为肉牛、奶牛和羊，分别占55.23%、16.13%和14.40%（见图3-2）。

表3-4 各类畜禽粪尿的产排污系数

种类	华北区	东北区	华东区	中南区	西南区	西北区
粪尿产生量（千克/天）						
猪	3.40	4.10	2.97	3.74	3.57	3.54
奶牛	46.05	48.49	46.84	50.99	46.84	31.39
肉牛	22.10	22.67	23.71	23.02	20.42	20.42
家禽	0.145	0.14	0.185	0.09	0.09	0.14
兔	0.15	0.15	0.15	0.15	0.15	0.15
马	5.90	5.90	5.90	5.90	5.90	5.90
驴、骡	5.00	5.00	5.00	5.00	5.00	5.00
羊	0.87	0.87	0.87	0.87	0.87	0.87
COD产生量（克/天）						
猪	401.19	343.95	280.81	302.24	317.33	334.55
奶牛	6535.35	6185.11	5731.7	6793.31	5731.7	3600.16
肉牛	2761.42	3086.39	3114	2411.40	2235.21	2235.21
家禽	13.235	10.935	9.36	10.28	10.28	10.935
兔	0	0	0	0	0	0
马	37.00	37.00	37.00	37.00	37.00	37.00
驴、骡	37.00	37.00	37.00	37.00	37.00	37.00
羊	0.46	0.46	0.46	0.46	0.46	0.46
总氮产生量TN（克/天）						
猪	29.00	47.25	20.76	36.51	16.85	31.73
奶牛	274.23	257.7	214.51	353.41	214.51	185.89

续表

种类	华北区	东北区	华东区	中南区	西南区	西北区
肉牛	72.74	150.81	153.47	65.93	104.10	104.10
家禽	1.345	1.485	1.04	0.935	0.935	1.485
兔	1.16	1.16	1.16	1.16	1.16	1.16
马	12.40	12.40	12.40	12.40	12.40	12.40
驴、骡	12.40	12.40	12.40	12.40	12.40	12.40
羊	2.15	2.15	2.15	2.15	2.15	2.15
总磷产生量 TP（克/天）						
猪	5.21	5.13	2.63	4.84	3.88	4.22
奶牛	38.27	54.55	38.47	62.46	38.47	17.92
肉牛	13.69	17.06	19.85	10.52	10.17	10.17
家禽	0.36	0.355	0.505	0.145	0.145	0.355
兔	0.24	0.24	0.24	0.24	0.24	0.24
马	1.60	1.60	1.60	1.60	1.60	1.60
驴、骡	1.60	1.60	1.60	1.60	1.60	1.60
羊	0.46	0.46	0.46	0.46	0.46	0.46

注：东北区：黑龙江、吉林、辽宁；华北区：内蒙古、北京、天津、河北、山西；华东区：山东、安徽、江苏、上海、浙江、江西、福建、台湾；中南区：河南、湖南、湖北、广东、广西、海南、香港、澳门；西南区：西藏、云南、重庆、贵州、四川；西北区：新疆、陕西、甘肃、宁夏、青海。

表 3-5　**1999—2019 年中国养殖业畜禽粪污产生量**　（单位：万吨）

	粪尿产生量	COD 产生量	总氮产生量	总磷产生量
1999 年	96616	8480	627	116
2004 年	102453	8145	699	136
2009 年	156794	14456	982	176
2014 年	178173	16803	1131	200
2016 年	177700	16250	1119	199
2017 年	167500	15577	1055	187
2019 年	161487	14858	1016	195

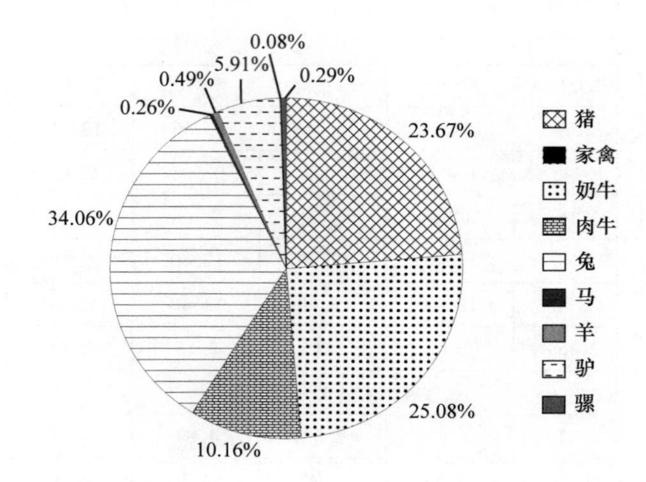

图 3－1 2019 年各类畜禽粪尿产生量占比

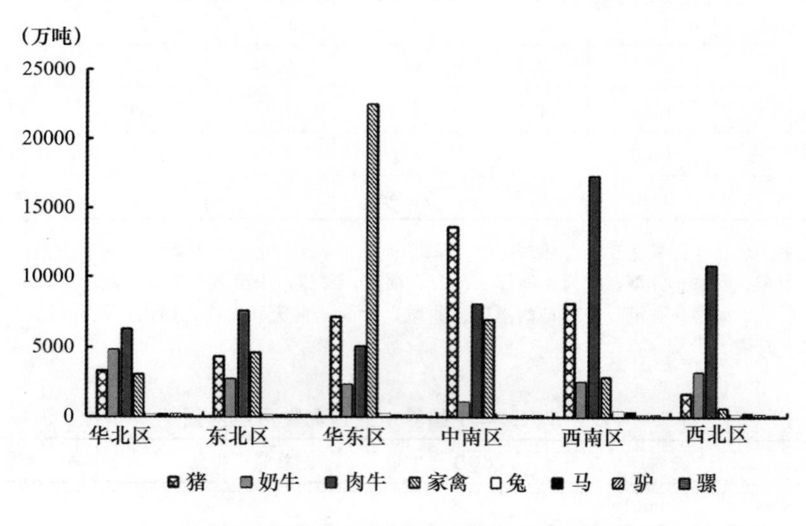

图 3－2 2019 年中国各区畜禽粪尿产生量

近年来，随着畜禽养殖产业规模的不断扩大，畜禽粪便、养殖废水等废弃物排放量不断增加，加之养殖业和种植业之间的生态联系被人为阻断，导致畜禽养殖产业已成为当前农业面源污染的重要来源（廖青等，2013；蒋松竹等，2013），并引发了水体（李文哲等，2013）、土壤和大气污染（孙超等，2017）。然而，当前中国畜禽养殖产业废弃物的综合利用率不足60%，使得每年至少有约16亿吨的畜禽养殖废弃物无法得到妥善处理。

其一，畜禽粪污与土地消纳循环利用问题矛盾突出，急需根据不同类型资源化利用方式有针对性地提出解决对策。近年来，随着畜禽养殖产业规模的不断扩大，畜禽粪便、养殖废水等畜禽养殖废弃物排放量也不断攀升。加之养殖业和种植业的不断分离，畜禽养殖粪污的消纳能力远低于其产生量，导致畜禽养殖产业已成为当前农业面源污染的重要来源。中国畜牧业要实现绿色转型，就必须解决好畜禽养殖量与环境容量相适应的问题，解决好畜禽粪污与土地消纳循环利用问题，才能够保障畜牧业的可持续发展。在畜禽粪污资源化利用方式上，根据种养循环和产业链特征，主要分为三种类型。一是传统农家肥型资源化利用。传统农户养殖具有兼业性、分散性、养殖数量少的特征，废弃物直接以农家肥用到自有耕地或周边种植土地上，进行消纳和资源化利用。目前，在土地开阔、一年一季的种植有机农场，仍采用传统堆肥以获得土壤有机肥。但传统堆肥存在发酵时间短、发酵不充分等现象，不利于保持和改善土壤质量。二是生态系统循环型资源化利用。当前的典型技术路径：畜禽养殖粪污干湿分离，干物质发酵为有机肥，湿物质通过沼气厌氧发酵实现减量和降低污染物浓度，液体作为肥料用于匹配的种植土地；剩余液体用土地存储，气体用于发电供本养殖场使用或者并网发电，完成废弃物资源化过程和实现种养循环。大、中、小型养殖场均可以采纳生态型资源化利用模式，但是受到种植土地和生态承载力的制约，目前大多数集约化家庭农场养殖场难以通过生态系统循环实现废弃物资源化利用。三是产业链循环型资源化利用。当养殖场周边没有足够的种植耕地吸纳和利用废弃物，养殖企业可以通过产业链尺度实现种养业循环和废弃物资源化利用，包括两种类型。（1）大型养殖企业的产业链资源化利用。大型养殖企业在处理和资源化本养殖场废弃物的同时，还可收集其他中小养殖场户的废弃物，养殖场与资源化场地分离，通过产业链尺度实现资源化，这一模式的种养循环在空间上是分离的，追求在企业尺度达到废弃物处理和资源化的规模经济、实现处理和资源化成本内部化为目标，也可称为规模经济型资源化，通过市场机制实现资源化产品的供给。（2）第三方运行的产业链资源化利用。一些受到生态承载力制约和不能达到废弃物资源化规模经济的养殖场，需要借助第三方运行收集多个养殖场废弃物而集中资源化，通过产业链的连接而实现种养业的再循环。这一模式的养殖场地与资源化场地分离，通过社区管理和中介服务实现资源化产品的供给。目前来看，传统农家肥型资源化利用方式存在于部分地区，将逐步退出，而产业链资源化利用将成为资源化利用的主要途径（孙若梅，2018）。

其二，畜禽粪污有效利用率不足，养殖污染治理水平低下。改革开放以前，除少数牧业省份的畜牧业以粗放养殖为主以外，中国畜牧业生产方式是以千家万户分散饲养的散养为主，养殖规模相对较小，牲畜承担提供畜力、消纳家庭厨余垃圾、为农田提供农家肥、改善家庭收入和提供动物蛋白等功能，生产力低，生态功能多样且相对稳定，基本上实现了农牧和种养结合。20 世纪 80 年代以来，在需求的拉动下，在集约化畜牧业补贴、化肥工业补贴和农业机械化补贴等的助力下，中国畜牧业生产发生显著变化。畜牧业生产系统逐步从草地生态系统中逐步分离出来，随着猪、鸡等动物饲养量的增多，家畜生产更多地依赖农业生产系统，导致大量的畜禽粪污无法消纳。2015 年，在畜牧业 GDP 占农业 GDP 比重达到 27.8% 的同时，畜禽养殖产业 COD 排放量达到全国排放总量的 45.67%，占农业 COD 排放总量的 95%，氨氮排放量达到全国排放总量的 24.02%，占农业氨氮排放总量的 76%（李金祥，2018）。然而当前中国畜禽养殖产业废弃物的综合利用率不足 60%，使得每年至少有约 16 亿吨的畜禽养殖废弃物无法得到妥善处理，资源利用模式变革迫在眉睫。为促进畜牧业发展，中国对养殖业一直采取较为宽松的环保政策，畜牧业环保法规基本处于“裸奔”状态，直到2014年才颁布了第一个全国性的畜牧业污染防治条例。目前，小规模畜禽养殖场占中国集约化养殖场总数的70%以上（2010年数据显示，全国年出栏数在500头以上的大中型肉牛场存栏量仅占年出栏总数的5.2%）。许多集约化养殖场总体规模小、条件差、自有资金匮乏，配套设施不完善。

（二）病死畜禽变化量

中国病死畜禽的无害化处理水平偏低，病死畜禽无害化处理依旧是畜禽养殖环境污染防治的短板。无论是散养还是规模化养殖，畜禽病死是不可避免的。尤其是在中国畜禽养殖的数量逐渐递增、畜禽的养殖密度不断加大的现状下，畜禽疾病的控制存在一定的难度。如果病死畜禽得不到很好的处理，既污染了生态环境，也会带来病毒传染，引发食品安全等问题。

以生猪为例，中国每年病死猪无害化处理量仅占40%，自食、丢弃、出售等不当处理数量占60%。2012—2016年，全国无害化处理病死猪数量呈现逐年递增态势（见图3-3）。其中，2012年处理病死猪的数量为659万头，而2016年已经增加到3355万头，增长了4倍多。此外，在病死畜禽无害化处理方式上，传统的焚烧、填埋等方式，虽然操作简单，但是成本较高，也会对当地空气环境，特别是土壤资源和水资源造成极大的隐患，造成二次污染。因此，寻求病死畜禽资源化利用方式，是从根本上进行无害化处理的关键。

三　废弃农用薄膜回收及资源化利用状况

农膜使用总量在不断上升，其中西北农区、西南农区和东北农区的农用塑料薄膜使用量在十年间增长速度最快。农用薄膜于20世纪70年代末引入中国，具有增温保墒、抗旱节水、提高肥力、抑制杂草

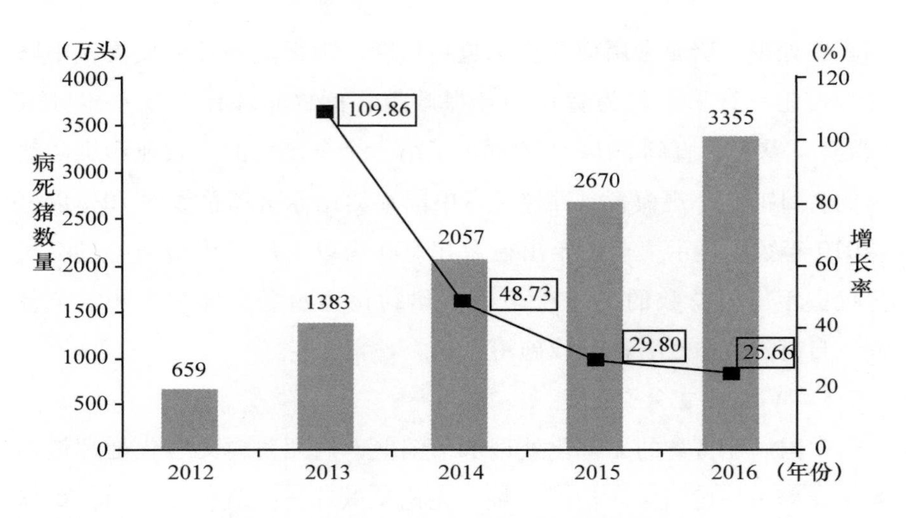

图 3-3 2012—2016 年病死猪数量及增长率

资料来源：农业部。

等作用，有效提高了粮食作物的产量，保障了国家粮食安全。由于农业生产中采用的薄膜大多是不可降解的、缺失有效的回收机制，更没有完善的资源化利用市场，这会导致土壤中废弃薄膜的不断积累，造成“白色污染”。

有关统计数据表明，中国农用塑料薄膜使用量虽然在年均增长率上有所下降，但是总量在不断提升。中国农用塑料薄膜使用量不断增加，2017 年达到 252.8 万吨，较 1991 年的 64.21 万吨增长了近 3 倍（见表 3-6）。

表 3-6 不同时期农用塑料薄膜使用量及区域分布 （单位：吨，%）

	“十一五”时期		“十二五”时期		2016 年	2017 年	2018 年
	数量	比例	数量	比例	数量	数量	数量
华北农区	344.17	34.25	377.00	30.52	76.56	73.67	70.00
东北农区	114.10	11.35	142.50	11.53	27.94	26.53	25.16

续表

	“十一五”时期		“十二五”时期		2016 年	2017 年	2018 年
	数量	比例	数量	比例	数量	数量	数量
长江中下游农区	203.68	20.27	244.61	19.80	50.00	50.08	49.86
西北农区	146.11	14.54	224.08	18.14	52.81	49.23	49.78
西南农区	126.10	12.55	161.23	13.05	34.64	34.96	34.13
南方农区	70.79	7.04	85.95	6.96	18.31	18.36	17.56
合计	1004.95	100	1235.37	100	260.26	252.83	246.49

资料来源：《中国农业统计资料》、《中国环境统计年鉴》、《中国农村统计年鉴》、国家统计局。

不同区域农用塑料薄膜使用量差距很大。由表 3－6 可以看出，“十一五”以来，华北农区、长江中下游农区和西北农区的农用塑料薄膜使用量位居前三位。“十二五”时期，华北农区共使用农用塑料薄膜 377.00 万吨，占全国总量的 30.52%；长江中下游农区使用量达到 244.61 万吨，占比 19.80%。其中西北农区、西南农区和东北农区的农用塑料薄膜使用量在十年间增长速度最快，分别增长 53.37%、27.86% 和 24.89%。目前来看，农用塑料薄膜的回收机制尚未建立，农户对于农膜回收再利用的理念也未形成，多数农户将农业塑料薄膜置于土地中，造成了较大的污染。农用薄膜回收形成资源化利用市场还需要一定的时间，各地在推进农用塑料薄膜资源化利用的过程中，也探索出了如甘肃省的“废旧地膜—再生颗粒—深加工产品”模式和“废旧地膜—地膜粉—深加工产品”模式等，但总体来看，废旧农膜的资源化利用长效机制并未建立。

“十三五”时期，各个地区的农用塑料薄膜使用量都有小幅下降，全国农用塑料薄膜使用总量呈现下降趋势；其中，华北农区、东北农区和西北农区下降幅度相对最快（见图 3－4）。农业农村部在《关于推进农业废弃物资源化利用试点的方案》中提出力争到 2020 年，当季农膜回收和综合利用率达到80%以上，按照此目标，进入“十四五”时期，依然有50万吨的废弃农膜未被回收利用。

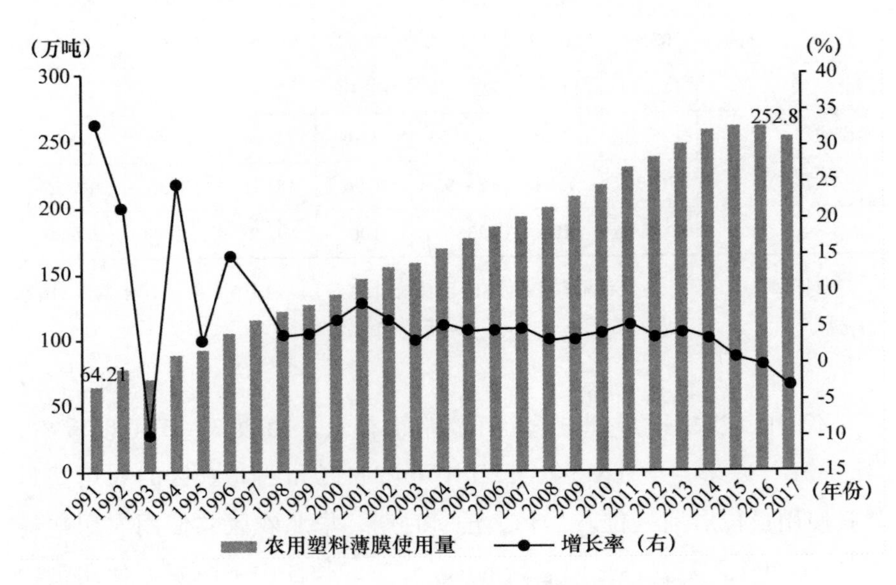

图3－4 1991—2017年农用塑料薄膜使用量及增长率

资料来源：《中国农业统计年鉴》、《中国环境统计年鉴》、《中国农村统计年鉴》、国家统计局。

四 农药包装物回收及资源化利用状况

中国农药用量大且分散、利用率较低，农药包装物因缺少经济价值回收难度大。据统计，2019年中国农药原药产量达到224万吨，农药使用量达到145.6万吨，单位农作物播种面积农药使用量高达8.8千克/公顷，远高于发达国家的农药用量水平，未被利用的农药直接进入环境，进而影响农产品质量安全。

2019年，农业农村部提出在5个省份10个重点县组织开展农药包装废弃物回收试点，并鼓励各省份结合当地实际，选择产粮（油）大县和蔬菜产业重点县，积极开展农药包装废弃物回收试点工作。当前，中国农药包装废弃物回收整体上还处于探索阶段，再加上农药使用技术落后，施药方法不科学，用药剂量和次数较多，农民缺乏农药施用的安全意识，监督起来困难，导致农药包装废弃物回收利用率并不高。

目前中国每年农药原药的消费量为50万吨左右，按1吨原药产生2吨制剂计算，如按平均100克农药需一个农药包装物，中国一年所需的农药包装物高达100亿个（件）。由于农药包装物中残留农药，使用完的农药瓶及包装袋丢弃在沟渠边，会被释放到环境中，然后进入土壤或水体，对农村土壤和水体造成直接危害。更有甚者，农药残留将进入饮用水源地，威胁人们的身体健康。但是，就农药包装物的资源化利用方式来看，中国农药包装废弃物的回收率很低。虽然有部分省份开始了农药包装物的回收工作，然而，将农药包装废弃物作为危险废物处理的成本较高，处置能力有限，针对农药废弃包装物的利用方式也并不明确。

第二节　“十三五”时期农业废弃物资源化利用中存在的主要问题

近些年来，中国农业持续快速发展，农业废弃物产生量也随之增加。但中国农业废弃物资源化利用尚处于起步阶段，与发达国家相比，农业废弃物资源化利用方式较为粗放，利用率相对较低。同时，农业废弃物资源化利用过程中也普遍存在参与意愿不足、资金支撑不力、技术适宜性差、机制不完善以及政策落实不到位等一系列突出问题，已经严重阻碍了农业可持续发展和农业生产方式的绿色转型。

一　产生总量不清，参与意愿有待提高

其一，中国农业废弃物面广量多。加之各地社会经济发展条件不

同、对废弃物资源化利用的程度不同，各省份的每类农业废弃物产生量是多少？资源化利用现状达到多少比重？这些问题都没有一个准确的数据，也就不能全面反映中国农业废弃物的存量，特别是废旧农药包装物、病死畜禽等的数据尚未统计，将导致政策制定上的盲目性，无法根据废弃物的不同特点，对农业废弃物的资源化利用做出总体研判。

其二，实现农业废弃物资源化利用面临的一个重要问题在于，如何解决资源化利用带来的社会效益和经济效益之间的矛盾。由于农民受到传统生产生活方式的影响，只重视眼前利益，多采用粗放型利用方式。加之宣传深度和力度不够，造成了农户对农业废弃物资源化利用的认知和环境保护意识淡薄，对农业可持续发展和实现绿色转型的认识程度不够，不愿意参与到废弃物资源化利用中。

二 经济激励缺乏，补偿机制有待健全

激励机制是指通过一套理性化的制度来反映激励主体与激励客体相互作用的方式（何永达，2009）。目前来看，国家及省级层面为推进农业废弃物资源化利用，出台了税收、财政补贴等政策，取得了一定的成效。但是，随着中国环境政策由单一指令控制向采取行政、市场等手段综合治理转变，难以实现对废弃物的有效监管，与预期目标还存在一定的差距。以农作物秸秆资源化利用为例，国家对农作物秸秆资源化利用采取的财政补贴措施，由于补贴的农作物种类、金额和区域有限，关键是补贴的重点对象也不在农户（郑军、史建民，2012），农户参与利用的积极性不高。

同时，农业废弃物资源化利用是一项集社会效益、经济效益和生态效益为一体的资源转化过程，如果没有对其生态效益进行客观、合理地补偿，则很难充分发挥农作物资源化利用的生态效应，也会降低农业废弃物资源化利用的效率。国外发达国家和地区较早地认识到排

放成本较低是导致废弃物污染行为不止的重要原因，因此，实施了“排污收费”“填埋税”“污染削减补贴”等制度，有力提高了农业废弃物资源化综合利用水平（何可、张俊飚，2013）。虽然中国部分省份推出了相关补偿条例，并以法律的形式加以保证，但是，补偿范围和补偿力度仍不能够真正激发农民参与农业废弃物资源化利用的积极性。

三　资金扶持不够，服务体系尚未形成

农业废弃物资源化利用是涉及政府、企业和农户等多层级、多维度的系统工程，农业废弃物在收集、转运、处理等环节存在成本高、效益低的问题，导致许多社会资本不愿意进入农业废弃物资源化利用市场。比如，在废弃物资源化利用的设备投入上，由于资金缺乏，很多有效的资源化利用技术不能够在产业化过程中得到有效推广，一些具有投资潜力和发展前景的废弃物资源化利用企业得不到很好的成长，相关的产业体系也就难以培育。目前，中国农业废弃物资源化利用在地域上存在较大的差异，东部省份在处置农业废弃物时，能够形成很好的发展模式，但是该模式的可复制和可推广性有待商榷。中部地区，尤其是西部经济相对落后省份在推进农业废弃物资源化利用过程中，因为资金缺乏，难以实现废弃物的资源化利用。

党的十八届三中全会指出，要使市场在资源配置中起决定性作用和更好发挥政府作用。农业废弃物资源化利用应该形成政府引导、市场参与为主体的社会化服务体系，由市场在农业废弃物资源的信息服务体系、技术服务体系、市场服务体系等方面提供更好的支撑。但是，中国农业废弃物资源化利用的社会化服务体系尚未形成，资源化利用产品相关市场不完善，专业化商业模式未建立，在一定程度上制约了农业废弃物资源的产业化和规模化。比如，尽管在全国范围内宣传减少化肥、增加有机肥使用，但是收效甚微，主要是因为社会化服务体

系未形成，产品销售市场不完善。

四 利用技术滞后，保障体系有待建立

中国在农业废弃物资源化利用方面，已经具备了较为先进的处理技术，对于推进资源化利用发挥了重要的作用。但是与发达国家相比，中国农业废弃物资源化利用尚缺乏完整的技术保障体系。在部分废弃物处理方式的选择上，以粗放型利用为主，比如部分地区对畜禽粪便采取堆肥处理，对病死畜禽简单填埋，这种处置方式对土壤和水体环境造成了极大的破坏。

在创新技术方面，中国农业废弃物资源化利用的技术创新意识不强，自主创新能力不足，生产技术落后，拥有自主产权和较高推广价值的技术较少。特别是缺乏针对不同区域、不同类型农业废弃物资源化利用的技术。比如秸秆还田，机械粉碎是当前还田的主要方式，但是缺乏有效的促进农作物秸秆腐化的生物菌，导致在部分寒冷地区难以腐化，影响了农作物的播种，也降低了农民参与秸秆还田的积极性。技术水平的落后，既不能够充分发挥农业废弃物应有的作用，也直接降低了农业废弃物的利用效率，更不能适应市场竞争，造成了资源的极大浪费。比如粪污处理，需根据不同地区的特点采用不同的粪污处理技术，推广工厂化堆肥处理和商品化有机肥生产技术，提高畜禽废弃物资源化利用率，且终端处理后还要加大对土壤中的氮素的监测。

五 运营机制欠缺，回收机制有待完善

目前来看，农业废弃物资源化利用的技术正在逐渐成熟，但是，农业废弃物的管理运营机制并未到位，导致农民参与农业废弃物资源化利用的积极性不高，也不愿意在资源化利用方面投入更多的人力、财力。将农业废弃物闲置、随地乱扔、任其腐烂等现象突出，这既污染了土壤，也会对空气和水资源造成破坏，形成恶性循环。

农业废弃物资源化利用的最大难点在于农业废弃物的回收，由于受到经济利益、生产生活习惯的影响，中国农业废弃物的回收成本高、运输困难，回收机制没有建立。特别是在废旧农药包装物、农用塑料薄膜等的回收上，存在很大困难，这将直接带来严重的农业面源污染。

六　法律规范欠缺，政策落实有待加强

目前，农业农村部、财政部、住建部等及各省份都出台了相关推进农业废弃物资源化利用的方案，但是，这些措施的可操作性并不强，政策执行力度偏弱，补贴制度和保障制度存在缺失。特别是针对不同地域和不同类型的农业废弃物，并没有系统的资源化利用办法，形成不了较好的监测、监管和预警体系，以至于出现了“政府强推动、农民弱参与、企业难进入”的困境。以病死畜禽无害化处理为例，美国、日本、德国等发达国家通过制定病死畜禽废弃物资源化利用法律体系，推动了资源化处理技术不断创新，使得其病死畜禽资源化利用程度较高，引致的环境卫生风险程度较低（司瑞石等，2018），而中国相关法律仍为空白。

在畜禽粪污治理方面，也存在法律规范不统一的问题。一是不同部门之间管理标准不一，国务院及其职能部门、农业农村部、国家发展和改革委员会等部门都对畜禽粪污综合利用率、粪污处理设施装备配套率等提出了相关数据指标，各方政策的侧重点都不同，有的侧重畜牧大县和规模化养殖场，有的侧重全国层面，具体的达标数值要求也不同。二是政策落实不到位，需要再细化再落实。比如，按规定利用畜禽养殖废弃物进行沼气发电可享受上网电价优惠，实际上，电力部门常以发电量低、技术不合格、线路架设成本高等理由拒绝养殖场或第三方养殖污染治理企业的电力入网（郑微微等，2017；金书秦，2018），使得这些个体或企业并没有得到相应的补贴，因此还需条例

制定部门规范化执行，严格落实相关政策。

第三节 “十三五”时期农业废弃物资源化利用的主要困境

农业废弃物资源化利用是改善农业生产环境、提升农业发展质量的有效途径，但新发展阶段，实现农业废弃物资源化利用要从根本上破解存在已久的困境。由于养殖业、种植业废弃物特点不同，本部分从养殖业、种植业废弃物资源化利用的困境两个方面进行阐述。

一 养殖业废弃物资源化利用需要破解的困境

中国畜禽养殖废弃物面临三个突出难题：小散养殖户废弃物以自行处理为主、尚未纳入法律法规框架中；集约化家庭农场型养殖场废弃物资源化利用难度大；畜禽养殖废弃物资源化受到中国生态承载力制约。

（一）小散养殖户尚未纳入法律法规框架中

随着2014年《畜禽规模化养殖污染防治条例》的出台，规模化养殖开始被纳入环保监管体系。畜牧大县和规模化养殖场是当前资源化管理的重点，有机肥和能源为资源化利用的主要方向，并鼓励种植业与养殖业相结合，发展循环农业（孟祥海等，2018），这促使全国已创建了55个畜牧业绿色发展示范县以及4179个畜禽养殖标准化示范场（闵继胜，2016），规模化养殖场的粪污治理水平不断提高；但是国家关于畜禽养殖的规模化标准是年出栏500头生猪，各地环保部门按此标准执行并不能完全适合畜禽养殖废弃物资源化管理的需要，对“非规模化”的小散养殖户没有出台相应的法律法规、政策加以约束，也没有将其纳入监管体系，导致其粪污治理陷入困境。中小养殖场基数庞大，进一步规范管理需要有明确的政策方向和法律法规依据。

（二）集约化家庭农场型养殖场废弃物资源化利用难度大

集约化家庭农场养殖场资源化利用面临的主要困境：一是生态承载力制约。这类养殖场一般建在家庭承包土地上，以家庭劳动力为主，专业化地从事养殖业而不再从事种植业。由于没有消纳和资源化利用的土地空间，从而需要将其废弃物转移到其他种植土地上实现资源化。二是成本制约。集约化家庭养殖场的废弃物产生量较小，无法达到废弃物资源化的规模经济，在单个养殖场尺度无法实现废弃物资源化成本的内部化。三是集约化家庭农场养殖场废弃物的民间收集者被取缔。在集约型家庭农场养殖场密集的村庄，以往一直存在民间的、以收集家庭养殖场废弃物为生计的个体，他们收集和进行简单晾晒发酵或者基本不发酵，然后承运和出售给一定半径内的果菜农。这些粪贩本质上是第三方运行，只是以非正规的个人行为形式存在，没有纳入正规监管体系，存在不能达到环境保护要求、再次成为污染源的风险，如发酵场地不合理、发酵不充分或者根本不发酵，运输中的问题，细菌传播难以控制等。2015 年以来，在生态文明战略布局和制度建设背景下，小粪贩子已经被取缔或正在被取缔中。

（三）种养循环模式受制于生态承载力

畜禽养殖废弃物资源化的根本途径，是通过种植业与养殖业的结合实现畜禽粪便被附近的耕地消纳或利用，由此避免畜禽粪便污染环境。值得注意的是，中国传统农业向现代农业转型过程中，畜禽养殖生产稳定且集约化程度提高、种植业与养殖业分离、种植业化肥用量增加，导致畜禽废弃物产生量增加且更加集中，加大了对生态承载力的占用。具体表现为两方面。第一，受到土地资源制约，在养殖场尺度无法通过种养模式实现废弃物资源化利用的目标，即区域性地缺乏足够的农业种植土地消纳或利用畜禽废弃物。第二，种植业对肥料需求的季节峰值特征与养殖业废弃物产出连续性特征的差异，在养殖场尺度无法实现废弃物资源化及时性利用的目标，即季节性地需要有足够的土地用于存储和消纳畜禽废弃物。进一步说，出现的困境是不能以空间连续的方式实现就地资源化，也不能以时间连续的方式实现非存储资源化。由此，通过业态创新拓展空间和跨越季节，从而实现在区域尺度和产业链尺度的资源化利用，而不仅仅是养殖场尺度的资源化利用，可将畜禽废弃物纳入产业和区域的生态系统中，进而种养业产业链尺度和跨区域的再循环，这是实现畜禽废弃物资源化利用和提高生态承载力利用水平的重要路径。

二　种植业废弃物资源化的困境

中国农用残膜回收利用技术和机制欠缺，农膜回收率不足2/3。超薄农膜容易破损，留在土壤中难以降解，破坏耕作层结构，严重影响土壤通气和水肥传导。大多数地膜使用后直接丢弃在田间地头，不能及时回收，造成“白色污染”。随着设施农业发展加快，农膜使用总量增加，2016年农用塑料薄膜使用量达到260.3万吨，是1990年的5.4倍。地膜覆盖面积达到1840.12万公顷，是1995年的2.83倍，如图3－5所示。

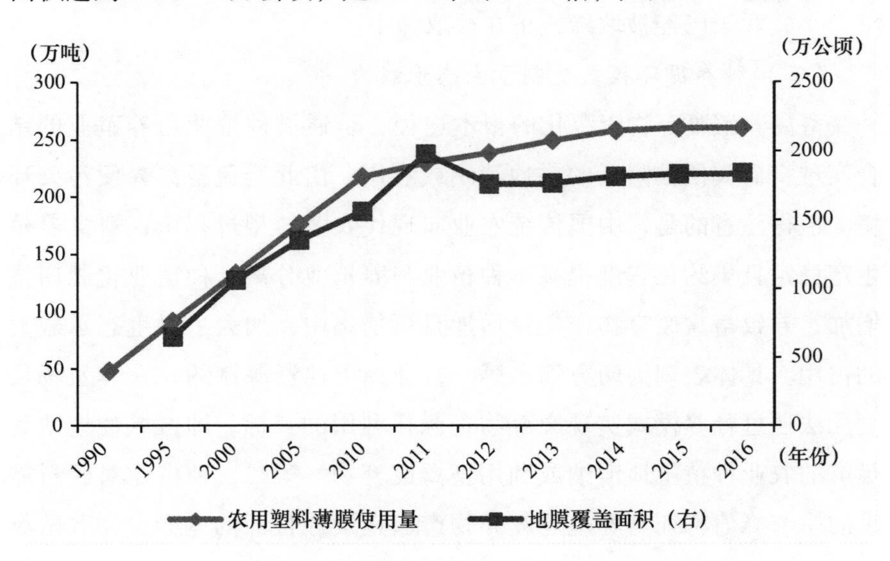

图3－5　全国农用塑料薄膜使用量和地膜覆盖面积

第四节　“十四五”时期农业废弃物资源化利用的目标与重点任务

实现农业废弃物资源化利用，不仅是贯彻党中央、国务院有关“推进种养业废弃物资源化利用”等决策部署的具体行动，也是实现乡村生态振兴、推动农村环境治理的重要内容，更是提升农村环境质量、建设生态宜居乡村的重要抓手。

一　“十四五”时期农业废弃物资源化利用的目标

“十四五”时期农业废弃物资源化利用的目标就是要认真落实绿色发展精神，突破技术、机制、政策和市场等方面的困境，真正建立起农业废弃物资源化利用市场运行机制，实现将农业废弃物变废为宝这一科学和艺术的结合，提高农业废弃物资源化的价值，开启小康之后农业废弃物资源化利用的新篇章。

（一）农作物秸秆资源化利用的目标

农业农村部提出，力争到2020年，全国秸秆综合利用率达到85%以上；东北地区秸秆综合利用率达到80%以上，50%的重点县市秸秆综合利用率稳定在90%以上；露天焚烧现象显著减少；力争到2030年，全国建立完善的秸秆收储运体系，形成布局合理、多元利用的秸秆综合利用产业化格局，基本实现全量利用。那么，“十四五”时期农作物秸秆资源化利用的目标就是贯彻农业农村部提出的要求，突破技术困境，依靠科技支撑，继续提高重点县（市、区）秸秆综合利用率，加强科学的总体规划的同时，探索建立适应不同区域的农作物秸秆收储运体系。

（二）畜禽养殖废弃物资源化利用的目标

“十四五”时期，畜禽养殖废弃物资源化利用的目标就是在生态承载力范围内，真正构建种养结合农牧循环的可持续发展格局，分区域编制种养循环发展规划和进行布局，兼顾小散养殖户和集约化家庭农场养殖场废弃物资源化利用，探索建立适应不同区域、不同规模的畜禽粪污的市场化运行机制，同时提高病死畜禽无害化处理水平，弥补过去畜禽养殖废弃物资源化利用的“短板”。

（三）废弃农用塑料薄膜回收及资源化利用的目标

农业农村部等六部门在《关于加快推进农用地膜污染防治的意见》中提出，到2025年农膜基本实现全回收，全国地膜残留量实现负增长，农田“白色污染”得到有效防控。那么，“十四五”时期废弃农用塑料薄膜回收及资源化利用的目标就是紧紧围绕上述意见，突破农膜回收再利用技术，创新农膜回收利用机制，真正确立适应不同区域、不同覆膜类型、不同残留程度的农膜回收方式，构建农田残留地膜污染监测网络，争取全国农膜回收利用率达到100%，“白色污染”问题得到解决。

（四）农药包装物回收及资源化利用的目标

当前，中国种植业废弃物资源化利用面临的主要困境就是农用残膜、农药包装物回收利用技术和机制欠缺导致的回收率低下。因此，“十四五”时期农药包装物回收及资源化利用的目标就是要认真贯彻绿色发展精神，继续加大宣传力度，发挥农民的主体意识，通过农民收集、经销商登记、农药生产企业或第三方回收公司回收，真正构建起农药包装物回收机制，在提高农药包装物回收率的同时，实现其有效的资源化利用率。

二 “十四五”时期农业废弃物资源化利用的重点任务

农业废弃物资源化利用是打好农业面源污染防治攻坚战的一项重要内容，根据上述农业废弃物资源化利用的目标，“十四五”时期进一步提升农业废弃物资源化利用，重点是要破解一些困境。

（一）突破技术层面困境

由于中国地域广阔，温度、水分、日照等气候因素差异较大，特别是气候因素差异较大的区域，在农作物秸秆资源化利用技术需求方面，势必具有一定的差异。然而，现实中区域适宜性较强的技术及产品相对于需求而言严重不足（于法稳，2016）。在广大农村地区，多采用机械粉碎方式直接将作物秸秆还田，而对促进农作物秸秆腐化的生物菌等微生物措施利用严重不足。而且在一些高寒冷地区适应性更是严重受限，由于农作物秸秆在短时期难以腐化，在一定程度上影响了农作物的播种以及种子的发芽率，对此农民的认可度有所下降，转而采取直接焚烧的方式。

此外，液体废弃物资源化利用方式亟待破解。中国众多的中小畜禽养殖场户分布在各乡镇，污染面广量大。其中，污水是养殖废弃物处理与资源化利用中的难点。一是处理成本高。根据笔者 2018 年 4 月对山东郓城的测算，存栏量 1000 头的养猪场日产污水约 15 吨，存栏量 500 头的奶牛场日产污水约 50 吨；出栏 1 头生猪污水处理成本需要 20 元，1 头奶牛每年的污水处理费用要 260 元。如果加上折旧和固体粪便的处理，成本还要增加 50%。二是遗留问题多。养殖场内部设施设备工艺落后，如长流水饮水，水冲粪、水泡粪，雨污混流，粪污贮存不符合防渗、防雨、防溢流要求，粪污处理利用设施不配套等，填平补齐改造投资需求量大。三是固态物质用于有机肥后，不能解决污水污染问题。沼液的存储和利用同样面临着困难。

（二）克服市场层面困境

从理论上讲，在没有外部干预的条件下，市场体系的自发形成需要两个充分必要条件：一是市场上存在有效供给与有效需求，二是交易费用低于需求价格与供给价格之差。从实践来看，农作物秸秆的供给者与需求者可以提供的有效供给规模和有效需求规模决定了农作物秸秆资源化利用的潜在市场饱和容量；而中间参与者，尤其是农业秸秆资源化利用的技术研发部门，则决定了交易费用的高低。要实现农作物秸秆的有效利用，参与主体都能够在此过程中获利，而不能是某个主体仅仅依靠政府的财政补贴来推行，这样才能够实现农作物秸秆资源化利用的持续发展。此外，集约化家庭农场型养殖场由于废弃物产生量较小，无法达到废弃物资源化的规模经济，也面临着成本制约。

（三）完善资源化利用机制

在国家层面还没有建立促使农作物秸秆资源化利用的生态补偿机制。一是对农作物秸秆资源化利用本身没有进行生态补偿，在一定程度上也影响了农作物秸秆的资源化利用率。二是生态补偿没有考虑到农作物秸秆资源化利用带来的生态效益的大小，补偿标准缺乏一定的科学性。事实上，目前还没有真正认识到农作物资源化利用的生态效应功能的发挥，因此，难以出台系统有效的生态补偿机制。

（四）突破政策层面困境

当前，国家对农作物秸秆资源化的财政补贴措施，由于补贴的农作物种类有限、金额有限、区域有限，关键是补贴的重点对象也不是农户（郑军、史建民，2012），难以对农民形成有效的经济激励。此外，小散养殖户尚未纳入法律法规框架中。比如，2015 年中国年出栏猪 50 头以下的养猪场就达到了 4405. 59 × 104 个（孙若梅，2018），这对中国畜禽粪污的治理是一大挑战，且畜禽养殖场的废弃物污染防治工作对这些“非规模化”的畜禽养殖户并不适用。但依据何种标准将中小散户的养殖户纳入监管体系仍需要探讨，《畜禽规模养殖污染防治条例》将养殖场、养殖小区的具体规模划定标准交给了各省级人民政府，各地界定标准差异大使得一些区域出现了过度禁养或监管不严等问题（司瑞石等，2018）。

第五节　本章小结

本章重点在于摸清农业废弃物资源化利用的“家底”，弄清农业废弃物的区域、种类特征和农业废弃物造成的生态环境问题，以及农业废弃物资源化利用的潜力。从种植业废弃物资源化利用和畜禽废弃物资源化利用两大方面分析了农业废弃物资源化利用的现状，深入了解中国农业废弃物的储量和分布特点，科学评价其污染现状，为下一阶段政策决策和科学研究奠定基础。畜禽废弃物资源化利用主要包括畜禽粪污的回收利用、病死畜禽的无害化处理，种植业废弃物资源化利用主要是对农作物秸秆、废旧农膜及废弃农药包装物的回收利用。目前畜禽粪污的资源化利用呈现如下特点：畜禽养殖场户总数稳步下降，小散畜禽养殖户数量依然巨大，规模化企业养殖场稳步增加，集约化家庭农场养殖场呈现上升趋势；巨大的畜禽粪尿产生量给环境容量带来了巨大挑战，肉牛、猪、家禽、奶牛四类动物的粪尿产生量占全部粪尿产生量的92.96%，且在不同区域呈现不同的分布特点；畜禽粪污与土地消纳循环利用问题矛盾突出，急需根据传统农家肥型、畜禽养殖场生态型和畜禽养殖场产业链集中型不同类型的资源化利用方式有针对性地提出解决对策。病死畜禽的无害化处理水平偏低，依旧是畜禽养殖环境污染防治的短板。另外，农作物秸秆产生量过剩，其中玉米、稻谷和小麦产生的秸秆量在所有农作物中位居前三，华北农区、长江中下游农区和东北农区农作物秸秆产生量较大；农膜使用总量在不断上升，西北农区、西南农区和东北农区的农用塑料薄膜使用量在十年间增长速度最快。

从本章分析可知，中国农业废弃物资源化利用处在起步阶段，利用率相对较低，且较为粗放，农业废弃物资源化利用过程中普遍存在一些问题，已经严重阻碍了农业可持续发展和农业绿色转型。存在诸如废弃物产生总量不清，市场主体参与意愿有待提高；经济激励缺乏，补偿机制有待健全；资金扶持不够，资源化利用市场体系尚未形成；资源化利用技术滞后，保障体系有待建立；运营机制欠缺，回收机制有待完善；法律规范欠缺，政策落实有待加强等问题。具体到养殖业和种植业废弃物资源化利用，也存在特有的困境。中国畜禽养殖废弃物资源化利用面临三个突出难题：小散养殖户废弃物以自行处理为主、尚未纳入法律法规框架中；集约化家庭农场型养殖场废弃物资源化利用难度大；畜禽养殖废弃物资源化受到中国生态承载力制约。中国种植业废弃物资源化利用面临的主要困境就是，农用残膜农药包装物回收利用技术和机制欠缺导致的回收率低下。因此，“十四五”时期农业废弃物资源化利用的目标就是要认真落实绿色发展精神，突破技术、机制、政策和市场等方面的困境，真正建立起农业废弃物资源化利用市场运行机制，重点任务是突破技术、市场、政策等层面的困境，完善资源化利用的机制。

第四章

农业废弃物资源化利用的理论分析及问卷设计

新发展阶段，随着环境规制的日益严格，农业废弃物资源化利用必将步入快车道。本章重点从微观层面，对农业废弃物资源化利用的相关问题进行理论分析，重点剖析农业废弃物导致面源污染问题的原因、农户农业废弃物资源化利用行为的动因，以及环境规制、农户资源化价值感知与参与行为的影响机理等内容。在上述理论分析的基础上，根据问题研究的需要，设计农户层面的调查问卷，以期为本书提供翔实可靠的数据来源。

第一节　农业废弃物导致面源污染的因素分析

从理论上来讲，农业废弃物导致面源污染的根源既有农村自然环境的内在因素，也有对其处理不当的原因；同时，市场失灵、政府失灵也是重要原因。外部性理论和公共物品理论是资源与环境经济学的理论基础，也为解决市场失灵和政府失灵提供了可供选择的思路。

一　农业废弃物导致面源污染的本质

传统的经济系统由要素市场和产品市场组成，没有考虑自然资源与环境。事实上，自然资源与环境是人类经济活动的基础。从经济学的视角来看，自然环境为人类提供了多种服务，比如提供公共消费品、原材料和能源、位置空间、接受废弃物，可以被看作多功能的资产。但是环境容量有限，过多的废弃物进入环境也会使环境质量下降（鲁传一，2004）。如果进入环境的农业废弃物数量超过自然环境自身的消纳能力，环境提供新鲜空气、美丽风景、位置空间等服务功能便会一定程度地减弱。长期以来，环境一直作为公共财产，不存在价格，对环境的任意使用不用付出任何代价，导致“共有地悲剧”。农村生态环境也是如此，难以有效地排他。因此，导致不同主体对其使用时并不考虑他们的行为对农村生态环境的长期影响，更没有考虑其对子孙后代的影响。

由于环境禀赋的有限性，环境提供的生态系统服务难以满足人类社会发展的需求。进入环境中的废弃物一旦超过环境容量，便会产生公共消费品的拥挤问题、环境污染问题、多种功能竞争使用问题、持续使用问题。农业生产过程中，如果农业生产废弃物过量进入环境，将会出现农村生态环境、农业生产环境的过度使用，导致面源污染、空间占用等问题，进而影响公共品的质量。

二　环境外部性和市场失灵

对自然资源的使用往往会产生环境外部性，无论发生在代内还是代际，都会对环境资源配置产生影响。市场是进行商品交换、价格建立的一种协商机制，但是自然资源和环境的市场是不存在的，因为按照市场运作的交易成本太高；实际上许多自然环境物品市场价格都无法得到体现，商品和服务的价格并没有反映出自然环境的稀缺性，无法反映出环境成本，由此看出市场存在缺陷，也就是存在市场失灵，无法正确对环境资源进行估价和配置，无法将环境成本内部化于商品和劳务的价格中。农村生态环境的公共物品属性导致本应由养殖户承担的环境成本成为全社会的共同成本，将环境外部性内部化，即将环境成本内部化于养殖户的生产决策中，这种内部消化可以弥补私人成本低于社会成本的差额。解决途径有两个：一是按照科斯的思路，引入市场，通过明晰生态环境产权，以买卖产权或联合交易主体的方式，实现资源的优化配置。但是，农村生态环境产权归属的界定难度大、成本巨大；而且当养殖污染造成的环境外部性涉及人数过多时，组织起来建立一系列的财产权需要巨大的成本，反而容易出现低效率，此时政府的干预是必要的。二是按照庇古的思路，通过征税、补贴等政府干预的方式，对养殖户的生产决策产生直接的影响，以此缩小私人成本和社会成本的差距。

三　政府作用和政府失灵

根据农户行为选择理论，农业生产主体都是理性经济人，只会考虑私人成本，不会考虑对其他人产生的外部成本。环境使用的零成本往往使环境被过度使用，结果就是环境被破坏、环境质量下降。环境作为废弃物的接受介质，可以引入排污收费，通过政府建立产权交易的制度框架来实现。此时政府在环境保护中扮演着重要的角色，不仅要设置环境质量水平，而且要发挥激励、监督、引导等功能。政府管理功能具有复杂性，难免出现政府失灵现象。

所谓政府失灵，是指政府制定的政策执行没有实现预期的目标，或体制障碍的存在使环境资源被过度使用，从而引起环境污染。造成政府失灵的原因可能是体制不够健全、决策失误等。政府对价格的干预，也可能会误导生产者和消费者对资源环境的使用。当前，政府为推进农业废弃物资源化利用工作，实施了一系列环境规制政策，不同规制政策对农业生产主体参与利用行为的影响程度有所差异。要加快农业废弃物资源化利用，改善农业生产环境质量，实现农业绿色发展，迫切需要进一步完善、优化环境规制政策。

第二节 农户农业废弃物资源化利用行为的动因分析

农业废弃物资源化利用行为是农户在价值感知基础上，综合权衡利弊、情境压力等，做出的是否实施利用行为以及实施何种程度的利用行为，比如病死畜禽和畜禽粪污的处理、发酵床生态养殖模式的采纳、沼气池建设以及粪污干湿处理等。目前对农业废弃物资源化利用行为动因的探究主要从内部因素和外部因素两大方面展开。

一 资源化利用行为中的内部因素

已有研究表明，农业生产主体的认知和意愿对其参与农业废弃物资源化利用行为的影响起关键作用。对养殖户而言，一方面，其行为受认知不足的影响，比如养殖废弃物环境污染认知、资源化前景认知、补贴政策认知、环保政策认知等（何可、张俊飚，2013；仝世文、刘媛媛，2017）；知识与技能缺乏是导致其认知不足的重要原因。另一方面，成本收益理论认为农户会基于成本和收益的考虑，迅速地对市场变动做出反应，通过调整生产要素的比例促进生产率的提高，从而做出最优的生产决策，实现利益最大化（黄炎忠等，2018）。基于成本收益理论，从农业生产主体对参与利用可能带来的成本与收益的价值感知出发，已有研究发现，农业生产主体对参与农业废弃物资源化利用的经济收益预期感知不高、成本感知较高也是影响其参与利用的重要因素。根据计划行为理论，农业生产主体个人特征、生产经营特征、社会文化特征等因素通过影响其行为信念间接影响行为态度、主观规范和知觉行为控制，并最终影响行为意向和行为。农业生产主体受教育程度、种养结合特征、风险偏好、组织化程度等都会对其资源化价值认知与参与利用行为产生深远的影响。

二　资源化利用行为中的外部因素

环境规制政策被认为是影响农业生产主体对农业废弃物资源化利用行为的一个重要的外部情境因素。对养殖主体而言，已有研究表明，政府的市场监管力度会降低养殖户出售病死畜禽的可能性（Kim et al.，2010），对养殖户的生产行为会形成一定的约束和限制，进而能够强制管控其生产决策行为。卫生防疫抽检次数、环境影响评价落实程度、污染行为实质惩罚力度等都会对养殖户行为产生直接影响。一方面，政府提供的技术培训、社会化服务信息、宣传教育、财政补贴等力度不足，会抑制养殖户参与畜禽废弃物资源化利用行为（丁焕峰、孙小哲，2017）；另一方面，交通条件、是否有回收企业或大型种植园、距离种植园的距离等外部市场状况也会制约养殖户实施畜禽废弃物资源化利用行为（朱海清、雷云，2018；赵俊伟等，2019）。便利条件显著影响养殖户采纳技术治理畜禽粪污的态度（王晓莉等，2017），继而影响养殖户实施畜禽废弃物资源化利用行为。良好的交通状况以及回收机制健全会给养殖户提供运输和售卖方面的便利，减少一些中间交易成本，促进养殖户参与畜禽废弃物的回收利用。周边农户施用粪肥积极性正向影响养殖废弃物治理经济绩效（张诩等，2019），显然也直接影响养殖户畜禽废弃物资源化利用行为。

第三节　环境规制、价值感知与参与行为的影响机理

农业生产主体参与废弃物资源化利用行为是一个复杂的决策过程，农业生产主体对废弃物资源化利用是否具有一定程度的价值感知，在价值感知评估的基础上是否愿意参与废弃物资源化利用，参与意愿的程度如何，参与意愿是否一定转化为实际行为，环境规制对农业生产

主体参与利用行为产生怎样的影响，都需要从理论层面展开深入的分析。

一　价值感知、参与意愿与参与行为的关系

感知价值理论的权衡模型认为个体对某一行为价值感知的评估结果直接影响其行为意向和行为决策（Sweeney，Soutar，2001）。将感知价值理论运用到农业生产主体参与废弃物资源化利用行为的研究上，农业生产主体对参与废弃物资源化利用的各种利益和损失进行权衡对比会形成价值差异上的主观认知，理性的农业生产主体总是追求利益最大化、损失最小化，农业生产主体资源化价值感知程度越高，越倾向于参与废弃物资源化利用；反之，越不会参与废弃物资源化利用。

认知心理学理论认为个体行为本质上都是由认知因素决定的，认知水平决定其行为意向，又进一步决定其决策和行为（吴萌等，2016）。因此，个体认知与意愿之间表现出“个体认知→行为意愿”的逻辑路径关系。同时，计划行为理论提出了“个体认知→意愿→行为”的逻辑路径范式，为研究农业生产主体行为提供了新的视角。由此可知，农业生产主体废弃物资源化利用行为决策是在价值感知评估的基础上，做出的理性决策。也就是说，农业生产主体废弃物资源化价值感知评估结果直接影响其行为意愿，继而影响其行为决策，农业生产主体行为意愿直接影响其实际行为。

二　环境规制对价值感知与参与意愿的影响

外部性理论和公共物品理论为政府实施环境规制提供了理论依据。农业废弃物弃置或资源化利用都会产生外部性问题，有必要依靠政府规制方式解决信息不对称和市场失灵的问题，政府通过宣传教育、惩罚或者补贴等方式来引导和约束养殖户的行为，为政府实施环境规制政策提供了直接依据。不同农业生产主体在社会身份、经济状况、文

化特征等方面存在诸多差异，因此，他们对政府的一些强制性管理手段的感知程度也有所不同（王建华等，2016）。已有研究表明，实施激励手段的效果超过了惩罚政策，尤其是补偿政策对农业生产主体采纳资源化处理技术的影响最为显著（Muller，2013）。在农业废弃物污染治理方面，环境规制政策作为农业生产主体参与废弃物资源化利用过程中最重要的情境因素，对农业生产主体废弃物资源化价值感知—参与意愿关系会产生一定的影响，不同环境规制政策对农业生产主体资源化价值感知—参与意愿关系的调节效应会存在一定的差异。

三　环境规制对参与意愿和参与行为的影响

交互决定论认为人的因素、行为和环境三者是交互决定的。其一，人的认知程度、年龄特征、受教育水平等因素会影响其行为，行为反过来也会影响其认知，同时个体认知和行为也会受到环境的制约和影响；其二，环境作为人实施行为的条件，在影响个体认知与行为的同时，也会被个体认知和行为影响，甚至被改变（A. 班杜拉，2001）。因此，个体行为在受到意识影响的同时，社会压力等情境因素也会对其环境行为产生一定影响（Staats et al.，2004）。由此可知，在农业废弃物资源化利用过程中，环境规制对农业生产主体参与意愿和参与行为均有直接的影响。环境规制在农业生产主体参与意愿和参与行为之间可能存在一定的中介作用，环境规制可以通过影响农业生产主体参与意愿，继而间接影响其参与行为。

第四节　问卷设计

根据本书确定的研究内容，紧紧围绕农业废弃物资源化利用中的主体意愿、行为设计调研问卷，并提出设计问卷应遵循的基本原则。

一 问卷设计原则

问卷设计质量的高低将对调查结果的可靠性、真实性产生直接影响。美国国家海洋和大气管理局（National Oceanic and Atmospheric Administration，NOAA）于 1993 年委托诺贝尔经济学奖得主 Kenneth Arrow 与 Robert Solow 领衔的“蓝带小组”（Blue Ribbon Panel）针对问卷设计制定了 15 条基本原则，即抽样方式应采用概率抽样；调查问卷的无响应率应尽可能低；面对面调查的形式为宜，不适合采用电话调查或邮寄问卷的形式；采用预调查的形式克服调查员偏差；应明确定义样本的整体、抽样框架及抽样响应率；在正式调查之前，应通过试调查完善问卷；如果被调查者的回答具有不确定性，应以其保守数值作为调查结果；价值尺度以支付意愿为宜；询价方法以单边界二分选择法为宜；用于描述调查项目情景的图片应经过预调查检验通过；在调查过程中，应向被调查者提供调查项目的信息；在调查过程中，应提醒被调查者关于受损环境物品的可能替代品及其状态；应给调查员充足的考虑时间以判断调研项目的可行性；在调查过程中，应要求被调查者给出其决策选择的具体原因；调查问卷的内容应该包括被调查者的社会经济变量（蔡银莺、张安录，2010）。为保证调查结果的科学性、合理性和可行性，本书在结合中国农村实际情况的基础上，借鉴了上述原则开展问卷设计与实地调研。

二 问卷设计内容

为了保证调查结果的准确、可靠，本书对调查问卷进行了精心设计和反复修改。在调查问卷的设计过程中，参考了大量文献，并对调研方法进行了系统梳理。在完成初步设计后，又进行了多次讨论，对问卷初稿进行修改与完善，此后召开了专家咨询会，根据专家提出的修改建议对问卷进行了完善。为了使问卷适合不同区域广大农村的实际，笔者进行了试调查以检测问卷设计的科学性和合理性，以及完成一份问卷所需的时间。通过试调查，删掉了一些与研究内容关联性不强的问题，并尽可能将一份问卷的调查时间控制在60分钟以内。问卷分为两大类：一类是针对种植户的问卷，另一类是针对养殖户的问卷。

（一）种植户问卷的内容

第一部分为农户基本情况调查，涵盖了农户家庭基本情况。例如，家庭总人口数量、劳动力数量、外出务工人员数量；家庭成员的性别、年龄、务农年限、兼业概况；农户所在的交通便捷条件、区位条件；农户的社会资本以及所在村庄的情况等。

第二部分为农户生产经营调查，主要包括土地利用调查、家庭收支调查、农业生产调查。其中，土地利用调查部分涉及农户承包地的总面积、耕地细碎化概况、承包地的转入与转出情况等；家庭收支调查则主要围绕农户的家庭收入（支出）、农业收入（支出）展开；农业生产调查的基本内容涵盖了农户生产农产品的类型、主要农产品的生产经营概况（播种面积、农产品产量、副产品产量）、养殖业经营概况等。

第三部分为对农村农作物秸秆处理概况调查。例如，农户收集农作物秸秆的方式、过去与现在处理农作物秸秆方式的差异、当地秸秆处理企业或组织的基本情况、农户参与农企合作的概况、农户农作物秸秆的出售概况、农户对农作物秸秆资源化政策的认知情况、农户参与农作物秸秆资源化利用的意愿、农户对农作物秸秆资源化的态度与观点以及满意度等。

第四部分为对农村农膜回收利用情况调查。例如，农户对农膜使用的认知、农户参与农膜回收利用的意愿、农户对农膜回收的态度与观点以及满意度、当地对农膜回收的政策情况、对废旧农膜加工的了解等。

第五部分为对农业废弃物资源化利用相关政策需求与补贴现状调

查。包括农户对现有国家相关政策的了解情况、对哪些社会化服务有需求、对当地农业废弃物资源化利用面临问题的看法、现有补贴的构成及对其的满意度、希望国家加强哪些方面的扶持等。

第六部分为农户横向合作程度与金融保险方面的情况。例如，横向合作程度围绕是否加入合作社展开，包括对合作社的认知与满意度；金融保险围绕农户农业贷款方面的情况、对农业种植保险方面的态度与认知展开。

（二）养殖户问卷的内容

第一部分为养殖户或养殖企业基本情况调查，涵盖了农户家庭基本情况或养殖企业基本情况。例如，农户性别、年龄、务农年限、风险偏好、兼业概况、养殖收入占家庭总收入比重以及家庭总人口数量、劳动力数量、养殖场经营形式；养殖企业名称、成立背景和时间、注册地、注册资本、固定资产、利润总额、利税总额、单位性质、负责人相关信息以及养殖企业的经营形式等。

第二部分为养殖场生产经营情况，主要包括养殖场养殖情况调查、养殖场区位条件、养殖产品销售、养殖规划情况等。其中养殖场养殖情况包括主要养殖品类、养殖年限、养殖数量、饲料来源、病死情况、劳动力投入情况、种养结合程度、养殖收入情况等；养殖场区位条件围绕距离附近大型种植园、有机肥厂的距离和交通便捷程度展开；养殖产品销售主要从售卖渠道和纵向合作程度（包括自产自销、市场交易、供销合同三种形式）展开调查；养殖规划主要从未来三年对养殖场的规模、品种等规划展开调查。

第三部分为对畜禽养殖废弃物处理概况调查。例如，养殖户现在和未来如何处理畜禽粪污、对畜禽粪污资源化利用的态度与观点，以及对现有情况的满意度、对畜禽粪污废弃物污染的认知（包括水体、空气、土壤、村庄环境等方面）、畜禽粪污的出售情况、对畜禽粪污处理相关技术的了解程度等。

第四部分为对畜禽粪污资源化利用相关政策需求与补贴现状调查，包括养殖户对现有国家相关政策的了解情况、对哪些社会化服务有需求、对当地畜禽粪污资源化利用面临问题的看法、现有补贴的构成以及对其的满意度、希望国家加强哪些方面的扶持等。

第六部分为养殖户横向合作程度与金融保险方面的情况。例如，横向合作程度围绕是否加入合作社展开，包括对合作社的认知与满意度；金融保险围绕养殖户养殖贷款方面的情况、对养殖品类保险方面的态度与认知展开。

三　样本选择及调研

为了使调研样本具有典型性及代表性，根据中国不同区域农业生产的实际，按照一定的原则确定了调研样本并进行了实地调研。

（一）样本确定原则

在样本省份选择上体现了如下原则：一是考虑经济发展水平，二是考虑地域分布，三是考虑粮食主产省份，四是考虑地貌特征，五是考虑民族地区。因此，调研样本既有经济发达的省份，也有经济欠发达的省份；既有东部地区的省份，也有中西部地区的省份；既有粮食主产省份，也有非粮食主产省份；既有民族省份，也有非民族省份；既有平原省份，也有山区丘陵省份。这些都在一定程度上体现了调研样本的典型性。

（二）样本的确定

针对种植户问卷调研样本的确定。在上述原则下，首先分别在东中西东北部的粮食主产区各选择 1 个省份，每个省份选择 2 个市，再在每个市中选择 2 个县，然后在每个样本县随机选取 2—5 个村庄，根据村庄规模，在每个样本村庄随机选择 5—30 户种植户。最终选定黑龙江省佳木斯市桦川县、汤原县，绥化市望奎县、海伦市；山东省烟台市栖霞市、莱阳市，菏泽市牡丹区、鄄城县；河南省鹤壁市淇县、浚县，驻马店市确山县、新蔡县；四川省广元市苍溪县、旺苍县，南充市西充县、阆中市共四省16县（市、区）作为调研样本（见表4-1）。

针对养殖户问卷调研样本的确定。首先，从2017年畜禽养殖年出栏量排名前十的省份中，考虑东中西部地区和地形地貌因素随机抽取山东省、河南省和四川省；然后，将三个省各县（市、区）按畜禽养殖年出栏量进行排序分层抽取县级调研地点，分层抽取县级调研地点，既需包括畜禽粪污资源化利用重点县和非重点县，也需包括畜牧大县和非畜牧大县；最后，依据县级农业局和畜牧局提供的畜禽养殖户数量对乡镇进行排序，从排名前50%的乡镇中随机选择2个乡镇进行调研，并在选择的乡镇中随机抽取20—40户畜禽养殖户进行调研。

表4-1 调研样本分布状况

	样本市	样本县（市、区）	样本乡（镇）
河南省	鹤壁市	淇县	西岗镇、北阳镇
		浚县	善堂镇、黎阳镇
	驻马店市	确山县	双河镇、任店镇
		西平县	五沟营镇、焦庄乡
山东	菏泽市	鄄城县	彭楼镇、箕山镇
		牡丹区	吴店镇、小留镇
	烟台市	栖霞市	团旺镇、桃村镇
		莱阳市	沐浴店镇、昭旺庄镇
四川省	南充市	阆中市	文城镇、东兴乡
		西充县	青狮镇、义兴镇
	广元市	苍溪县	东青镇、白桥镇
		昭化区	晋贤乡、明觉镇
黑龙江省	佳木斯市	桦川县	创业镇、苏家店镇
		汤原县	胜利镇、汤原镇
	绥化市	海伦市	永和镇、百祥镇
		望奎县	灯塔镇、灵山镇

（三）调研过程

为保证问卷的真实性和可靠性，选取的调研人员均是具有良好专业基础素养的农业经济管理专业博士研究生和硕士研究生，且采取一对一问答由调研人员当场完成问卷填写的形式进行。

笔者于 2018 年 9—12 月开展问卷调查，种植户问卷调查在上述确定的 4 个省份的 16 个县（市、区）进行，养殖户问卷在其中的山东省、河南省和四川省 3 个省份的 18 个县（市、区）进行。

第五节 本章小结

本章首先分析了农业废弃物导致面源污染的本质，农村自然环境的内在因素和农户的使用不当是根源，同时市场失灵和政府失灵也是重要原因。由于农村生态环境公共物品的属性以及环境容量有限，再加上农业生产主体对农业废弃物处置方式的不当等，便会产生环境污染问题、位置空间占用问题，随之还会产生农村人居环境质量问题。

其次，从内外部两大因素出发对农业生产主体资源化利用行为的动因进行分析，通过对现有研究成果的梳理和总结，发现农业生产主体认知特征、行为意愿、个人以及生产经营特征是重要的内部因素，环境规制政策和外部市场条件是重要的外部因素。

最后，对环境规制、农业生产主体资源化价值感知与参与行为的影响机理展开深入的分析和论证，得出农业生产主体废弃物资源化价值感知评估结果直接影响其行为意愿，继而影响其行为决策，农业生产主体行为意向直接影响其实际行为。环境规制政策作为农业生产主体参与废弃物资源化利用过程中最重要的情境因素，对农业生产主体废弃物资源化价值感知—参与意愿关系会产生一定的影响，环境规制对农业生产主体参与意愿与参与行为均有直接的影响。以上分析为实证部分检验环境规制、农业生产主体废弃物资源化价值感知、参与意愿、参与行为的相互关系与作用路径提供理论支撑。

在上述理论分析的基础上，根据问题研究的需要，设计了农户层面的调查问卷。本章的问卷调查为后文的实证研究、为科学地评估相关问题奠定了基础，为进一步了解目前农业废弃物资源化利用市场体系建设中存在的核心问题、为政府发挥引导市场体系建设和加快建设农业废弃物资源化利用的政策建议提供了数据支撑。

第五章

不同市场主体参与意愿及其影响因素分析

通过对不同市场参与主体的激励机制进行分析，可进一步探究目前农业废弃物资源化利用市场体系建设中的核心问题，即如何提高不同市场主体参与农业废弃物资源化利用的意愿和行动率，进而为政府提供有针对性和适用性的政策建议。种植户和养殖户作为最重要的市场主体，分析其参与农业废弃物资源化意愿及其影响因素，分析影响农户参与农业废弃物资源化利用的关键行为动机，探索提高农户参与农业废弃物资源化利用意愿的有效途径，对提高农业废弃物资源化利用率、推动农业绿色发展、助力乡村生态振兴具有重要的理论意义和现实意义。

第一节　农户参与农业废弃物资源化利用的意愿及其影响因素分析

农业废弃物资源化利用在环境保护、农民增收、保障人体健康等方面都发挥着重要作用（何可等，2014）。实现农业废弃物资源化利用需要鼓励农户参与，增强农民的环保意识（颜廷武等，2016），而且农业废弃物资源化具有准公共物品的性质，难以由私人部门完全承担，需要政府的政策支持（何可等，2014）。目前，中国农作物秸秆的综合利用率在逐年提高，畜禽养殖污染综合治理、废旧农膜回收等方面也开始了试点工作，并取得了一定的成效；但是农业废弃物资源化利用整体上还处于探索阶段，尚未形成完善的运营机制；同时，市场体系也未真正构建起来，再加上财政补贴政策对农民参与的激励不足，使得农户参与农业废弃物资源化利用的意愿受挫。因此，进一步探究农户参与农业废弃物资源化利用的关键行为动机，对提高农民的参与意愿尤为重要。

一 研究假设

“理性小农”理论的代表人物舒尔茨、波普金等认为，农民是理性的个人或家庭福利的最大化者，是一个在权衡了长短期利益、风险大小以后，为追求最大生产利益而进行合理选择的人（韩东林，2007）。其行为都是理性的，会对价格等经济刺激产生反应（李宗正，1996），而且他们对农业生产的经济效益的关注高于对农产品安全和农业生产环境的关注（Popkin，1980）。农户行为选择理论也认为农户作为理性经济人，在能够做出独立决策的基础上，会根据自身偏好、市场约束等条件，做出使家庭收益最大化的行为选择。成本收益理论同样认为农户在从事农业生产的过程中会基于成本和收益的考虑，对市场价格的变动做出迅速而正确的调整，通过重新配置生产要素来提高生产率，从而做出最优的生产决策，实现利益最大化（黄炎忠等，2018）。因此，农户农业废弃物资源化利用行为也是农户在根据过往经验、价值观、长短期成本收益、外部市场风险等约束条件下，做出的使个人或家庭收益最大化的决策行为。

外部性理论和公共物品理论为政府实施环境规制提供了理论依据。由于农村生活水平的提高，劳动力成本不断上升，以及化肥等现代生产要素的普遍使用，秸秆、畜禽粪便由资源变为了废弃物或污染物，再加上农业生产过程缺乏监管也难以监管，导致农业废弃物多被弃置于田间地头、沟渠、路边等（赵会杰、于法稳，2021）。随意堆放的农业废弃物对农业生产环境和农村人居环境造成一定的影响，而使其他个体受损的人却不用为此承担成本，即存在负外部性；农业废弃物资源化利用能改善农业生产环境，推进乡村生态振兴，而受益者无须花费任何代价，因此，农户容易形成“搭便车”的心理预期。对于农业废弃物不当处置的负外部性，政府可以通过惩罚手段来监督；对于农业废弃物资源化利用的正外部性，政府可以通过补贴来激励，这就为政府实施环境规制政策提供了直接依据。

另外，交互决定论认为行为、人的因素和环境三者之间是交互决定的。一方面，个体的认知程度、年龄特征、受教育水平等因素会影响个体行为，个体行为反过来会影响个体认知，同时个体认知和行为也会受到环境的制约和影响；另一方面，环境作为行为作用的条件和对象，会影响个体认知与个体行为的方向和强度，而个体认知和行为反过来又会影响环境，甚至改变环境来适应人们的需求（A. 班杜拉，2001）。意识—情境—行为理论也表明，个体意识对行为的影响会受到情境因素的影响（张郁、江易华，2016），环境规制政策作为中国农户环境行为实施过程中最重要的情境因素，其对农户农业废弃物资源化利用价值感知、成本收益感知与市场回收条件感知—参与意愿关系的影响还有待进一步的验证。

基于以上理论分析和国内外相关研究成果，本书构建了环境规制政策情境下农户农业废弃物资源化利用感知—参与意愿关系的理论模型（见图5－1）。

首先，农户农业废弃物资源化利用价值感知与技能感知水平会影响其参与意愿。一般来讲，农户对农业废弃物资源化利用的前景预期越乐观，其参与利用的积极性就越高。已有研究表明，农户越认可农业废弃物资源化利用的价值，越倾向于参与利用（田波、王雅鹏，

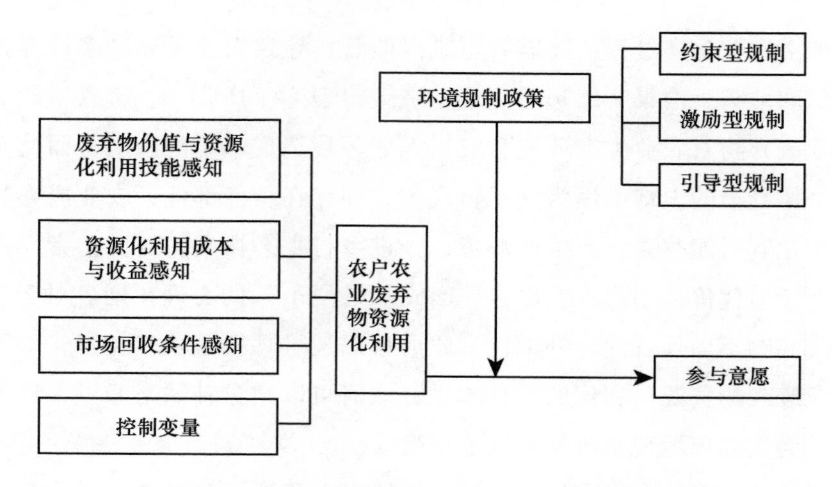

图5-1　环境规制情境下农户农业废弃物资源化利用感知—参与意愿关系理论模型

2014）。农户对个人能力的认知程度越高，农户越愿意对农业废弃物进行循环利用（李傲群、李学婷，2019）。因此，农户对农业废弃物资源化利用的价值感知与技能感知水平越高，就越愿意参与利用。

其次，农户对农业废弃物资源化利用成本感知与收益感知也会影响其参与意愿。预期成本收益是影响农户行为决策的重要因素，已有研究表明，收入预期对农户从事生态循环农业的意愿与行为均有直接的积极影响（黄炜虹等，2017）。因此，当农户感知参与农业废弃物资源化利用的收益越高，其参与意愿就会越强烈；当农户感知成本越高，其参与意愿便会受挫。

再次，农户对农业废弃物市场回收条件的感知也会影响其参与意愿。农业废弃物回收市场的便利与完善会促进农户参与农业废弃物资源化利用（李祥妹等，2016），距离废弃物出售点较近、有中间人上门收购等对农户参与意愿转化成行为具有显著的正向影响（王舒娟，2014）。因此，当农户对农业废弃物资源化利用市场感知越成熟与完善，其参与意愿就会越强烈。

最后，环境规制政策对农户农业废弃物资源化利用价值与技能感知、成本收益感知、市场条件感知—参与意愿关系存在调节效应。鉴于农业废弃物随意排放的负外部性以及进行资源化利用的正外部性特征，需要政府的介入使这些外部性内部化。已有的研究表明，政府采取惩罚与补贴双项规制措施优于单独实施惩罚或补贴措施（李乾、王玉斌，2018），同时要更加注重通过教育宣传等方式调动农户的积极性，引导其采取有利于环境的决策行为（贾秀飞、叶鸿蔚，2016）。当前，针对农业废弃物资源化利用的政策和措施主要包括约束型规制政策、激励型规制政策和引导型规制政策。其中，约束型规制政策是指为了约束农户环境污染行为而实施的以罚款、拘留、关停等为主要特征的一系列政策法规；激励型规制政策是指为了激励农户参与农业废弃物资源化利用而实施的以补贴、优惠为主要特征的政策和措施；引导型规制政策是通过宣传教育、技术指导等措施，引导农户参与农业废弃物资源化利用。一般来讲，农户对环境规制政策越了解，其参与农业废弃物资源化利用的意愿越高，同时也能规避相关的处罚，争取更多的补贴。

基于以上分析，本书提出如下假设。

H1：农户农业废弃物资源化利用前景感知、回收重要性感知、技能感知对其参与废弃物资源化利用意愿有正向影响。

H2：农户农业废弃物资源化利用收益感知对农户参与废弃物资源化利用意愿有正向影响。

H3：农户农业废弃物资源化利用成本感知对农户参与废弃物资源化利用意愿有负向影响。

H4：设有回收点或企业回收对农户参与废弃物资源化利用意愿有正向影响。

H5：距离回收渠道较远对农户参与废弃物资源化利用意愿有负向影响。

H6：回收渠道稳定性感知对农户参与废弃物资源化利用意愿有正

向影响。

H7：环境规制政策对农户农业废弃物资源化利用相关感知—参与意愿关系存在一定的调节作用。

二　研究设计

（一）数据说明与特征描述

本次调查共发放760份问卷，调查对象包括种植户和养殖户，剔除回答不完整、异常值等问卷，实际获得有效问卷693份，有效问卷率为91.2%。调查样本分布区域及占比情况如表5－1所示。问卷总体的克伦巴赫（Cronbach）α信度系数为0.78（大于0.7），说明问卷的信度较好；KMO值为0.75（大于0.7），说明问卷的结构效度良好。

调查样本中，受访者个体和家庭特征以及生产经营基本特征如表5－2所示。在个体特征方面，82.4%的受访者为男性，47.6%的受访者的年龄为45—59岁，77.8%的受访者具有初中及以上受教育程度，其中，高中及以上的受访者占27.4%。在家庭特征方面，34.8%的样本农户加入了合作社。在生产经营特征方面，70.9%的样本农户农业收入占家庭总收入的比例在30%以上，33.5%的样本农户接受过农业废弃物资源化利用相关培训。河南省、山东省、四川省和黑龙江省调查样本的占比分别为27.3%、23.8%、25.7%和23.3%。

表5－1　**样本农户分布状况**　（单位：户，%）

	样本市	样本县（市、区）	样本乡（镇）	样本农户	比例
河南省	鹤壁市	淇县	西岗镇、北阳镇	49	7.07
		浚县	善堂镇、黎阳镇	44	6.35
	驻马店市	确山县	双河镇、任店镇	53	7.65
		西平县	五沟营镇、焦庄乡	43	6.20

续表

	样本市	样本县（市、区）	样本乡（镇）	样本农户	比例
山东	菏泽市	鄄城县	彭楼镇、箕山镇	41	5.92
		牡丹区	吴店镇、小留镇	42	6.06
	烟台市	栖霞市	团旺镇、桃村镇	40	5.77
		莱阳市	沐浴店镇、昭旺庄镇	42	6.06
四川省	南充市	阆中市	文城镇、东兴乡	50	7.22
		西充县	青狮镇、义兴镇	46	6.64
	广元市	苍溪县	东青镇、白桥镇	40	5.77
		昭化区	晋贤乡、明觉镇	42	6.06
黑龙江省	佳木斯市	桦川县	创业镇、苏家店镇	38	5.48
		汤原县	胜利镇、汤原镇	41	5.92
	绥化市	海伦市	永和镇、百祥镇	42	6.06
		望奎县	灯塔镇、灵山镇	40	5.77
合计	—	—	—	693	100

表5－2　**样本农户基本统计特征描述**　（单位：户，%）

	选项	样本量	比例		选项	样本量	比例
性别	男	571	82.4	加入合作社	否	452	65.2
	女	122	17.6		是	241	34.8
年龄	≤44岁	186	26.8	种养殖收入	≤30%	202	29.1
	45—59岁	330	47.6		31%—60%	255	36.8
	≥60岁	177	25.6		≥61%	236	34.1
受教育水平	未上过学	29	4.2	相关培训	否	461	66.5
	小学	125	18.0		是	232	33.5
	初中	349	50.4	省份	河南省	189	27.3
	高中或中专	139	20.0		山东省	165	23.8
					四川省	178	25.7
	大专及以上	51	7.4		黑龙江省	161	23.2

（二）模型设定、变量的选择及赋值

1．模型设定

假设农户选择参与农业废弃物资源化利用的主观概率（p）受到多种因素的影响，表达式为 $p=p\ (y=1)=F\ (X\beta)$。

其中，$y=1$，表示农户非常不愿意参与废弃物资源化利用；$y=2$，表示农户不愿意参与废弃物资源化利用；$y=3$，表示农户参与废弃物资源化利用的意愿一般；$y=4$，表示农户愿意参与废弃物资源化利用；$y=5$，表示农户非常愿意参与废弃物资源化利用。X 为可能影响农户参与农业废弃物资源化利用意愿的变量向量。由此，本书建立多元有序 Logistics 模型，形式如下：$\ln\left(\frac{p}{1-p}\right)=\beta_0+\beta_1x_1+\beta_2x_2+\cdots+\beta_nx_n+\varepsilon$。其中，$x$ 包括核心解释变量（如农户对农业废弃物资源化利用的价值感知、技能感知、资源化利用收益与成本感知等）和控制变量（如受访者年龄、性别、受教育程度等）。$P/(1-P)$ 称为几率比或相对风险，β_0 为截距项，ε 为随机误差项。

2．变量赋值

被解释变量。在调查问卷中设置“您愿意在农业废弃物资源化利用上投入时间和精力吗”问题来获取样本农户的参与意愿，并按照“非常不愿意=1，不愿意=2，一般=3，愿意=4，非常愿意=5”对农户的参与意愿程度进行赋值。

核心解释变量。本调查主要了解农户对农业废弃物资源化利用前景、回收利用重要性、资源化利用技能、资源化利用收益与成本、距离回收渠道远近、是否与回收渠道合作和回收渠道稳定性等方面的感知情况。为了测度农户关于农业废弃物资源化利用前景、回收利用重要性、资源化利用技能的感知情况，在问卷调查中向农户询问三个问题：“您对废弃物资源化利用的前景预期持何种态度？”“您认为农业废弃物回收利用是否重要？”“您认为自己具备参与农业废弃物资源化利用的相关技能吗？”。为了测度农户关于农业废弃物资源

化利用收益与成本的感知情况，本调查询问农户两个问题："您认为农业废弃物资源化利用能够增加收入吗？""您认为农业废弃物资源化利用成本高吗？"。同时，在问卷中询问农户三个问题："您是否与回收点或种养殖户或企业等合作？""您觉得与回收渠道间的距离远吗？""您认为当前的回收渠道是否稳定？"，测度农户对农业废弃物资源化利用市场回收条件的感知情况。

控制变量。借鉴已有研究（王舒娟，2014；潘丹、孔凡斌，2015），本书选取受访者性别、年龄、受教育程度、是否参加过相关培训、农户农业生产收入占比以及组织化程度等影响参与农业废弃物资源化利用行动的因素作为控制变量。

调节变量。政府环境规制主要通过引导型规制、约束型规制和激励型规制政策三个维度进行衡量。借鉴于婷、于法稳的测量方法（于婷、于法稳，2019），引导型规制政策主要是通过询问农户对"政府在农业废弃物资源化利用方面进行宣传教育的影响"和"政府对农业废弃物资源化利用技能指导和培训的影响"的看法，按照"影响非常小""影响较小""一般""影响较大""影响非常大"从低到高依次赋值"1—5"；约束型环境规制政策主要是通过询问农户对"环保部门的监管力度""环境影响评价落实程度""焚烧秸秆或粪污排放实质受罚力度"的看法，按照"非常不到位""不到位""一般""到位""非常到位"从低到高依次赋值"1—5"；激励型规制政策的测量主要通过询问农户对"农业废弃物资源化利用相关资金补贴获取难易度"和"废弃物资源化利用设施获取难易度"的看法，按照"非常不容易""不容易""一般""容易""非常容易"从低到高依次赋值"1—5"。而农户的引导型环境规制政策、约束型环境规制政策和激励型环境规制政策均是通过将所有测量项目值相加并进行算术平均后得出。变量的含义及具体赋值如表5-3所示。

表 5－3　变量含义及赋值说明

变量名称及符号		变量含义	均值	标准差
被解释变量	参与意愿	非常不愿意＝1，不愿意＝2，一般＝3，愿意＝4，非常愿意＝5	4.21	0.02
废弃物资源化利用价值感知与技能感知	资源化利用前景感知（UPC）	非常不乐观＝1，不乐观＝2，一般＝3，乐观＝4，非常乐观＝5	3.82	0.03
	回收利用重要性感知（RIC）	非常不重要＝1，不重要＝2，无所谓＝3，重要＝4，非常重要＝5	3.95	0.02
	资源化利用技能感知（RUS）	完全不具备＝1，不具备＝2，一般＝3，具备 ＝4，完全具备＝5	3.25	0.03
成本收益感知	资源化利用收益感知（RUI）	非常不同意＝1，不同意＝2，一般＝3，同意＝4，非常同意＝5	3.84	0.02
	资源化利用成本感知（WDC）	非常低＝1，比较低＝2，一般＝3，比较高＝4，非常高＝5	2.82	0.04
市场回收条件感知	是否有回收点或企业回收（CWR）	没有＝0，有＝1	0.21	0.02
	与回收渠道间的距离感知（FRC）	非常近＝1，较近 ＝2，一般＝3，较远＝4，非常远＝5	4.03	0.01
	回收渠道稳定性感知（SRC）	非常不稳定＝1，不稳定 ＝2，一般＝3，稳定＝4，非常稳定＝5	2.35	0.01
环境规制因素	引导型环境规制政策（A1）	影响非常小＝1，影响较小＝2，一般＝3，影响较大＝4，影响非常大＝5	3.72	0.02
	约束型环境规制政策（A2）	影响非常小＝1，影响较小＝2，一般＝3，影响较大＝4，影响非常大＝5	3.88	0.01
	激励型环境规制政策（A3）	影响非常小＝1，影响较小＝2，一般＝3，影响较大＝4，影响非常大＝5	3.91	0.01

续表

变量名称及符号		变量含义	均值	标准差
控制变量	年龄（Age）	实际年龄（岁）	0.18	0.02
	性别（Gen）	男=0，女=1	51.20	0.43
	受教育程度（Edu）	没上过学=1，小学=2，初中=3，高中=4，中专=5，大专=6，本科=7，研究生及以上=8	3.20	0.04
	组织化程度（OD）	未加入合作社=0，加入=1	0.35	0.02
	种养殖收入占比（FIP）	30%以下=1，31%—60%=2，61%以上=3	2.06	0.03
	相关培训（RT）	否=0，是=1	0.67	0.02
	河南省虚拟变量（Hdv）	农户所在省份为河南省=1，其他=0	0.32	0.02
	山东虚拟变量（Sdv）	农户所在省份为山东省=1，其他=0	0.20	0.02
	黑龙江虚拟变量（HLdv）	农户所在省份为黑龙江省=1，其他=0	0.17	0.01

三 实证结果分析

根据前文的模型及数据进行分析，得到的结果如下。

（一）农户感知对其参与农业废弃物资源化利用意愿的影响

1. 估计结果

为保证回归结果的一致性和无偏性，笔者对自变量进行相关性检验。检验结果显示，各自变量之间的相关性均小于0.8，表明各自变量之间不存在严重的多重共线性。本书运用stata 15.0对693个样本数据进行多元有序Logistics回归，并采用极大似然估计法进行参数估计。为控制模型扰动项异方差、自相关以及异常值可能的影响，本书对所有回归都采用了稳健估计。回归（1）考虑了所有的变量，回归（2）是在回归（1）的基础上，采取反向筛选法，逐步剔除不显著的变量，直到所有变量都在10%的显著性水平上统计显著。各变量的回归系数、稳健标准误和 z 值如表 5－4 所示。

表 5－4　农户农业废弃物资源化利用参与意愿的影响因素 Logistics 回归结果

	回归（1）			回归（2）		
	回归系数	稳健标准误	z 值	回归系数	稳健标准误	z 值
UPC	0.058	0.112	0.520	—	—	—
RIC	0.262	0.268	0.980	—	—	—
RUS	0.269 **	0.123	2.190	0.305 ***	0.119	2.570
RUI	0.137	0.178	0.770	—	—	—
WDC	－0.074 **	0.101	－0.730	－0.081 **	0.089	－0.805
CWR	0.247	0.237	1.040	—	—	—
FRC	－1.088 ***	0.367	－2.960	－1.164 ***	0.367	－3.170
SRC	2.824 ***	0.467	6.050	3.076 ***	0.430	7.160
Gen	0.050	0.234	0.210	—	—	—
Age	0.015	0.009	1.540	—	—	—
Edu	0.057	0.089	0.630	—	—	—
OD	0.493 **	0.199	2.480	0.510 ***	0.196	2.610
FIP	0.368 ***	0.124	2.960	0.356 ***	0.122	2.910
RT	－0.059	0.194	－0.310	—	—	—
Hdv	－1.176 ***	0.276	－4.260	－1.190 ***	0.248	－4.800
Sdv	－0.995 ***	0.297	－3.350	－1.077 ***	0.289	－3.730
HLdv	0.834 ***	0.293	2.850	0.863 ***	0.271	3.180
Pseudo R^2	0.19			0.18		
LR 值	184.01			177.38		
P 值	0.000			0.000		

注：*** 、** 分别表示在 1%、5% 的统计水平上显著。

2. 结果分析

农户农业废弃物资源化利用价值感知与技能感知对其参与意愿的

影响。如表5－4所示，在回归（1）中，农户农业废弃物资源化利用技能感知对其参与意愿的影响在5%的水平上显著且系数为正；在回归（2）中，农户农业废弃物资源化利用技能感知对其参与意愿的影响在1%的水平上显著且系数为正，验证了假设1。这说明，农户对农业废弃物资源化利用所需技能的感知程度较高，农户认为自身具备参与农业废弃物资源化利用所需技能，则倾向于参与利用；但农户对农业废弃物资源化利用的前景感知和回收重要性感知对其参与意愿的影响并不显著，未能验证假设1。说明农户对农业废弃物的价值与回收利用的重要性认识不足，由此导致对农业废弃物资源化利用前景也存在疑虑，当然，可能与目前中国农业废弃物回收市场不成熟、回收机制不健全也有关。

农户农业废弃物资源化利用收益与成本感知对其参与意愿的影响。在回归（1）和回归（2）中，农户农业废弃物资源化利用收益感知对其参与意愿的影响均不显著，未能验证假设2；但农户农业废弃物资源化利用成本感知对其参与意愿的影响均在5%的水平上显著且系数为负，验证了假设3。说明当前农户对农业废弃物资源化利用获取收益的感知并不明显，但对成本感知程度较高，农户感知农业废弃物资源化利用成本越高，越不愿意参与利用。例如农作物秸秆还田，种植户要支付每亩50元的还田成本，外加灭茬、耕地旋耕等机械费用。此外，为了防止秸秆腐烂过程中发生虫害，还需要增加农药的使用量。因此，单纯从经济效益上来看，秸秆还田非但没有增加农民的收入，反而增加了农户的生产成本。调研发现，农户很期待企业回收农作物秸秆，或者政府增加农作物秸秆粉碎还田补贴和灭茬、旋地补助，以弥补秸秆粉碎还田增加的成本。

农户农业废弃物资源化利用市场回收条件感知对其参与意愿的影响。在回归（1）和回归（2）中，设有回收点或与种养殖大户、回收企业等合作对其参与意愿的影响均不显著，未能验证假设4。这可能是由于当前设置回收点的村庄比较少，回收企业也比较少。在回归（1）和回归（2）中，农户对与回收渠道间的距离感知对其农业废弃物资源化利用参与意愿的影响均在1%的水平上显著且系数为负，农户对回收渠道稳定性的感知对其农业废弃物资源化利用参与意愿的影响在1%的水平上显著且系数为正，验证了假设5和假设6。说明农户感知距离回收渠道越远，越不愿意参与农业废弃物资源化利用；农户感知回收渠道越稳定，越愿意参与农业废弃物资源化利用。

农户个体特征和生产经营情况对其参与意愿的影响。在回归（1）和回归（2）中，受访者年龄、性别、受教育程度、是否参加过相关培训对其参与意愿的影响均不显著。这可能是由于当前中国农户文化程度较低、未参加过相关培训的受访者居多。但是，组织化程度对其参与意愿的影响均在5%的水平上显著且系数为正，说明与未加入合作社的农户相比，加入合作社的农户参与农业废弃物资源化利用的意愿更高；同时，农业生产年收入占比对其参与意愿的影响均在1%的水平上显著且系数为正。一般来说，农业生产年收入占家庭收入的比重越大，通常废弃物产生量和处理压力也较大，因此参与农业废弃物资源化利用获得各种补贴的机会就越大，从而农户的参与积极性也就越高。

（二）环境规制政策对农户农业废弃物资源化利用感知—参与意愿的调节效应

借鉴于婷、于法稳的做法（于婷、于法稳，2019），分别以引导型环境规制、约束型环境规制、激励型环境规制政策作为标准变量，以引导型环境规制、约束型环境规制、激励型环境规制政策均值作为分组标准将样本分为两组，其中一组为环境规制政策高于均值，另一组为环境规制政策低于均值。在高组与低组中分别将自变量（农户农业废弃物资源化利用感知各维度变量）对因变量（农户参与意愿）进行多元有序 Logistic 回归，比较不同组别系数的显著性变化来考察调节变量的作用效果。回归结果如表 5 – 5 所示。

表5-5　环境规制对农户农业废弃物资源化利用感知—参与意愿的调节效应

	引导型环境规制政策				约束型环境规制政策				激励型环境规制政策			
	低于均值组（1）		高于均值组（2）		低于均值组（3）		高于均值组（4）		低于均值组（5）		高于均值组（6）	
	系数	稳健标准误	系数	稳健标准误	系数	稳健标准误	系数	稳健标准误	系数	稳健标准误	系数	稳健标准误
UPC	-0.190	0.174	0.274*	0.157	0.499	0.230	-0.058	0.141	0.154	0.277	0.161**	0.130
RIC	0.759	0.426	-0.235	0.359	1.310	0.622	1.313*	0.312	1.349	0.864	-0.113	0.290
RUS	0.675	0.211	0.738***	0.160	0.509	0.241	0.201	0.156	0.037	0.297	0.313**	0.143
RUI	0.302	0.304	-0.053	0.230	0.015	0.337	0.044	0.219	0.803	0.571	0.836*	0.191
WDC	-0.099	0.156	-0.098	0.143	0.138	0.192	-0.165	0.127	0.453	0.291	-0.133	0.115
CWR	0.097	0.380	0.361	0.311	0.251	0.438	0.328	0.301	0.720	0.688	0.196	0.266
FRC	-1.335	0.489	-0.674	0.575	-1.202	0.637	-0.818	0.471	-1.966	0.817	-0.642*	0.413
SRC	2.861	0.652	1.753	0.806	2.096**	0.707	1.940***	0.989	2.402	1.169	3.182***	1.059
Gen	-0.171	0.350	0.417	0.353	-0.966*	0.582	0.299	0.264	-0.548	0.589	0.258	0.258
Age	0.030	0.015	0.001	0.013	0.033*	0.018	0.012	0.012	-0.008	0.023	0.022**	0.011
Edu	0.213	0.144	-0.065	0.119	0.239	0.204	0.018	0.109	0.024	0.221	0.085	0.103
OD	0.533	0.325	0.414	0.265	-0.013	0.372	0.666***	0.249	1.105**	0.549	0.531**	0.226
FIP	0.361*	0.188	0.408**	0.175	0.408*	0.231	0.431**	0.156	-0.384	0.356	0.496***	0.141
RT	-0.420	0.316	0.123	0.261	0.560	0.408	-0.140	0.239	0.258	0.538	-0.020	0.217
Hdv	-0.979**	0.434	-1.251***	0.374	-0.690	0.558	-1.624***	0.383	-0.708	0.693	-1.308***	0.323

续表

	引导型环境规制政策				约束型环境规制政策				激励型环境规制政策			
	低于均值组（1）		高于均值组（2）		低于均值组（3）		高于均值组（4）		低于均值组（5）		高于均值组（6）	
	系数	稳健标准误	系数	稳健标准误	系数	稳健标准误	系数	稳健标准误	系数	稳健标准误	系数	稳健标准误
Sdv	-0.412	0.453	-1.576***	0.438	0.348	0.670	-1.346***	0.385	-1.604*	0.867	-1.006***	0.332
HLdv	1.837***	0.526	0.317	0.385	1.049*	0.626	0.908***	0.352	1.310	0.843	0.865***	0.328
样本量	319		374		167		526		105		588	
Pseudo R^2	0.290		0.127		0.277		0.183		0.359		0.178	
LR 统计量	137.87		60.65		91.58		109.02		80.15		121.48	
P 值	0.000		0.000		0.000		0.000		0.000		0.000	

注：***、**和*分别表示在1%、5%和10%的统计水平上显著。

其一，引导型环境规制对农户农业废弃物资源化利用前景感知、技能感知—参与意愿关系分别通过了10%和1%的正向显著性检验。说明政府的宣传教育、技能培训等能增加农户的技能和参与农业废弃物资源化利用的自信，继而提高农户对农业废弃物资源化利用的前景预期，农户农业废弃物资源化利用前景感知和技能感知程度越高，越愿意参与农业废弃物资源化利用行动。另外，农户农业生产年收入占比对其参与意愿的影响在低于均值组（1）回归中通过了10%的正向显著性检验，在高于均值组（2）回归中通过了5%的正向显著性检验，说明引导型环境规制政策对农户农业生产收入占比—参与意愿关系的调节效应显著。同理，引导型环境规制政策对农户农业废弃物回收利用重要性感知、成本与收益感知、与回收渠道间的距离感知、有无回收点、回收渠道稳定性感知—参与意愿关系的调节效应并不显著。实证结果部分验证了假设7。

其二，农户农业废弃物回收利用重要性感知对其参与意愿的影响在低于均值组（3）回归中并不显著，在高于均值组（4）回归中通过了10%的正向显著性检验，说明约束型环境规制政策对农户农业废弃物回收利用重要性感知—参与意愿关系的调节效应显著。这可能是环保部门的监督、环境污染实质性惩罚等措施能够增加农户对农业废弃物回收利用重要性的意识，农户农业废弃物回收利用重要性感知程度越高，其参与农业废弃物资源化利用的意愿越强烈。同时，约束型环境规制对回收渠道稳定性的感知—参与意愿关系通过了1%的正向显著性检验。说明即便在当前回收渠道不稳定的情况下，约束型环境规制政策的压力会在一定程度上影响农户的参与意愿，同时削弱了农户农业废弃物回收渠道稳定性感知对其参与意愿的影响。同理，约束型环境规制对农户农业废弃物资源化利用前景感知、技能感知、成本与收益感知、有无回收点、与回收渠道的距离感知—参与意愿关系的调节效应并不显著。

其三，农户农业废弃物资源化利用前景感知与技能感知对其参与意愿的影响在低于均值组（5）回归中均不显著，在高于均值组（6）回归中均通过了5%的正向显著性检验，说明激励型环境规制政策对农户农业资源化利用前景感知与技能感知—参与意愿关系的调节效应显著。这可能是激励型政策能够增加农户农业废弃物资源化利用前景感知程度，继而提高农户参与农业废弃物资源化利用的积极性。农户农业废弃物资源化利用收益感知对其参与意愿的影响在低于均值组（5）回归中并不显著，在高于均值组（6）回归中通过了10%的正向显著性检验，说明激励型环境规制政策对农户农业废弃物资源化利用收益感知—参与意愿关系的调节效应显著。农户对与回收渠道间的距离感知、回收渠道稳定性感知对其参与意愿的影响在低于均值组（5）回归中并不显著，在高于均值组（6）回归中分别通过了10%和1%的显著性检验，说明激励型环境规制政策对与回收渠道间的距离感知、回收渠道稳定性感知—参与意愿关系的调节效应显著。这可能是当前农户感知距离回收渠道较远，且回收渠道也不稳定，不是年年都有人来回收，增加了出售废弃物的运输成本与不确定性风险，其参与意愿容易受挫，但是激励型补贴在某种程度上弥补了一定的成本，能够削弱距离回收渠道较远和回收渠道不稳定对农户参与意愿的影响。同理，激励型环境规制对农户农业废弃物回收利用重要性感知、资源化利用成本与收益感知、有无回收点—参与意愿关系的调节效应并不显著。

四 主要结论与启示

本章基于河南、山东、四川、黑龙江四省693个农户的调研数据，建立多元有序 Logistics 回归模型，研究农户农业废弃物资源化利用价值与技能感知、成本收益感知与市场回收条件感知对其参与意愿的影响，并引入环境规制政策作为调节变量，分析了环境规制政策对农户农业废弃物资源化利用感知—参与意愿关系的调节效应。结果表明：(1) 农户农业废弃物资源化利用技能感知、成本感知、与回收渠道间的距离感知、回收渠道稳定性感知均显著地影响其参与意愿；其中，农户农业废弃物资源化利用技能感知和回收渠道稳定性感知对其参与意愿具有显著的正向影响。(2) 引导型环境规制政策对农户农业废弃物资源化利用前景感知与技能感知—参与意愿关系存在显著的正向调节效应。(3) 约束型环境规制政策对农户农业废弃物回收利用重要性感知、回收渠道稳定性感知—参与意愿关系存在显著的正向调节效应。(4) 激励型环境规制对农户农业废弃物资源化利用前景感知与技能感知、收益感知、回收渠道稳定性感知—参与意愿关系存在显著的正向调节效应，对与回收渠道间的距离感知—参与意愿关系存在显著的负向调节效应。本研究结论具有如下政策启示。

第一，鉴于当前农户对农业废弃物回收利用重要性和资源化利用前景认识不足，政府应通过宣传教育、技术培训等方式增加农户对农业废弃物资源化利用的价值感知和参与农业废弃物资源化利用行动的自信，继而提高农户的参与意愿。

第二，鉴于当前农户对农业废弃物资源化利用收益感知不足，但对成本感知程度较高，政府可以为农业废弃物资源化创造好的经济条件，提供刺激的机制，对农户农业废弃物资源化利用行为进行更多的补贴激励，提高农户参与农业废弃物资源化利用的积极性，同时还可以减少农户的“搭便车”行为。

第三，当前设置回收点的村庄比较少，回收企业也较少，回收渠道并不稳定，不是年年都有人来回收，但是农户对回收渠道的稳定性感知能够显著地正向影响其参与意愿。因此，政府在健全农业废弃物回收机制的同时，应激励企业探讨农业废弃物资源化利用的途径，搭建农业废弃物资源化利用的大舞台，寻找农业废弃物资源化利用的“出口”。为此，可以以3—5个邻近的村为单位，设立固定的回收点；

以县为单位，设立规模较大的回收基地，回收基地直接与加工饲料、基料、燃料、原料等的企业建立联系；还可以引导市场进入，由企业直接来回收。

第四，加入合作社显著地正向影响农户的参与意愿。合作社作为乡村生态振兴中的一支重要力量，未来政府可以直接利用合作社这个平台建立农业废弃物资源化利用机制，或者牵线搭桥、引导市场进入，让市场这只看不见的手对农业废弃物资源进行利用配置；种植合作社可以统一售卖作物秸秆给加工饲料、基料、燃料、原料等的企业或秸秆经纪人，签订收购合同，实现农业废弃物的经济效益；养殖合作社可以引入专业粪污处理厂，通过低价售卖畜禽粪便把畜禽废弃物变粪为宝，还可以以低价购买经过粪污处理后的有机肥料留作自家用或者卖给种植户实现废弃物资源化的经济收益。同时合作社也要充分保障回收企业的利益，替企业考虑天气因素对秸秆回收的影响，避开阴雨天收割庄稼，通过双方达成一致的方式来谋取合作共赢。

第五，引导型环境规制、约束型环境规制、激励型环境规制政策对农户农业废弃物资源化利用相关感知—参与意愿均具有一定的调节效应。政府在实施农业废弃物资源化利用行动的过程中，应更加注重引导型环境规制、约束型环境规制、激励型环境规制政策的平衡，充分发挥这三种规制政策的互补作用，为农户参与农业废弃物资源化利用提供更好的服务。

第二节　农业废弃物资源化利用认知对参与意愿的影响

加快推进畜禽废弃物资源化利用行动制定了一系列政策法规，为实现畜牧业的转型升级和绿色发展提供了保障。然而，在实践过程中，养殖户对政府相关政策法规的认知程度较低，在一定程度上弱化了相关政策的实施效果（杨慧芳，2013）。同时，养殖户作为畜禽养殖废弃物治理的实施主体与最基本的微观决策单位，他们对畜禽养殖废弃物无害化处理的意愿是促进畜禽废弃物资源化利用的关键（孔凡斌等，2016）。换言之，作为畜禽养殖生产主体和政策接受者的养殖户的认知与参与意愿关系，直接影响着畜禽养殖废弃物资源化利用行动能否顺利实施，以及实施的程度和成效，进而影响畜牧业绿色发展和转型升级。因此，基于实地调研，研究养殖户畜禽养殖废弃物资源化利用认知及其对参与意愿的影响，并引入环境规制政策作为调节变量，分析环境规制政策对养殖户畜禽养殖废弃物资源化利用认知—参与意愿关系的调节效应，并据此制定相应的政策性措施，具有重要的现实意义。

一　研究假设

基于以上理论分析及国内外相关研究成果，本书构建了环境规制情境中养殖户畜禽废弃物资源化利用认知—行为关系理论模型（见图5－2）。

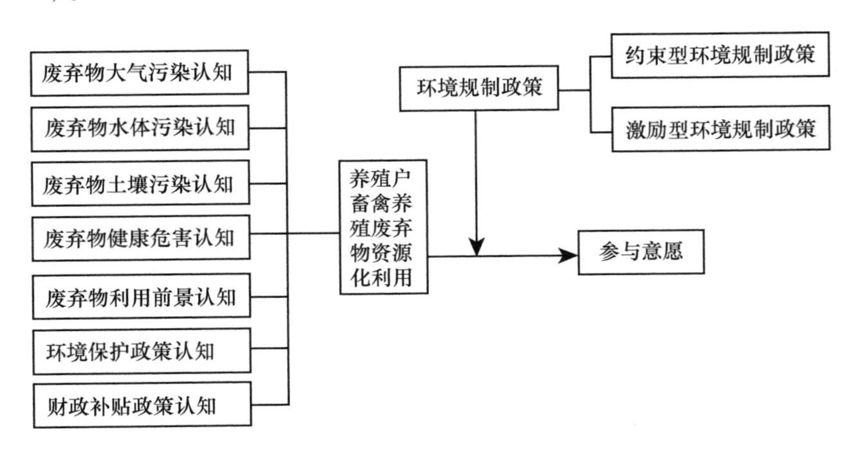

图5－2　环境规制情境中养殖户畜禽废弃物资源化利用认知—行为关系理论模型

一是养殖户畜禽废弃物资源化利用意愿。计划行为理论认为，个人行为受其意愿决定，个体意识是个体行为的基础（Ajzen，1991）。养殖户畜禽废弃物资源化利用意愿越高，越会积极参与畜禽废弃物资源化利用行动。

二是养殖户畜禽废弃物资源化利用心理认知。计划行为理论认为，意愿取决于对行为的态度、与行为相关的主观规范以及感知的行为控制（Ajzen，1991）。其中，对行为的态度取决于对该行为的整体评价（Tan et al.，2017）。社会规范是社会标准的群体一致性迫使人们的行为与同一群体中的其他个体相似（王建明，2013）。感知行为控制可以定义为个体感知到执行某一特定行为的容易或困难程度（Ajzen，Fishbein，1980）。结合计划行为理论和以往文献研究成果以及实地调研情况，本书将养殖户畜禽养殖排污风险认知、畜禽废弃物资源化利用前景认知和畜禽废弃物资源利用政策认知等心理认知变量作为核心解释变量纳入模型。养殖户畜禽养殖排污风险认知主要包括养殖户对畜禽养殖对周围空气、水体、土壤造成污染以及是否会对人体健康产生危害的认知情况（张郁、江易华，2016）。养殖户越能够认识到畜禽养殖废弃物排放对环境污染和人体健康的危害，其参与畜禽废弃物资源化利用的概率就越大（宾幕容、周发明，2015）。养殖户畜禽废弃物资源化利用前景认知是指养殖户是否认为当前推行的畜禽废弃物资源化利用行动是畜禽废弃物污染治理的有效途径，对其发展前景的认知。一般来说，个人对某一行为的积极态度会导致更大的行为意图（Gao et al.，2017）。因此，当养殖户对当前推行的畜禽废弃物资源化利用行动越认可并对其发展前景越乐观时，其越倾向于参与畜禽废弃物资源化利用。畜禽废弃物资源化利用政策认知，是指养殖户对近年相关部门下发的一系列推进畜禽养殖废弃物资源化利用政策的了解程度。当养殖户对相关政策文件的了解程度越高，并认为对废弃物资源化利用进行财政扶持是有必要的，其越愿意参与废弃物资源化利用行动。

三是环境规制政策对养殖户废弃物资源化利用认知—参与意愿的调节作用。鉴于畜禽养殖废弃物直接排放的负外部性以及资源化利用的正外部性，政府介入畜禽养殖废弃物资源化利用尤为重要；同时，政府采取惩罚与补贴双向规制更有利于多途径促进养殖户进行畜禽养殖废弃物资源化利用（李乾、王玉斌，2018）。目前促进畜禽养殖废弃物资源化利用的政策措施可概括为两类：一类是约束型政策，此类政策的基本特征是政府等监管部门以罚款和关停等命令强制性约束养殖户行为；另一类是激励型政策，此类政策的主要特征是政府以粪污处理设施补贴和技术培训等措施确保养殖户能便捷而科学地进行畜禽废弃物资源化利用。无论是约束型政策还是激励型政策，其主要目的是规范和扶持养殖户畜禽粪污的资源化利用满足养殖场的达标排放。本书将约束型政策的实施程度和激励型政策的获取难易程度作为调节变量纳入理论模型。基于以上分析，本书提出如下假设。

H1：养殖户畜禽养殖粪污排污风险认知正向影响其畜禽废弃物资源化利用参与意愿。

H2：养殖户废弃物资源化利用前景认知正向影响其畜禽废弃物资源化利用参与意愿。

H3：养殖户废弃物资源化利用政策认知正向影响其畜禽废弃物资源化利用参与意愿。

H4：环境规制政策对养殖户废弃物资源化利用认知—参与意愿关系存在一定的调节效应。

二　数据说明与特征描述

（一）数据说明

本章数据采用养殖户问卷数据，共发放380份问卷，剔除回答不完整、异常值等问卷，实际获得有效问卷342份，[①] 有效问卷率为90%。问卷总体的克伦巴赫（Cronbach）α信度系数为0.718，大于0.7，说明问卷的信度较好；KMO值为0.715，大于0.7，说明问卷的结构效度良好。调查样本分布区域及占比情况如表5-6所示。

表5-6 样本养殖户分布状况 （单位：户，%）

	样本市	样本县（市、区）	样本乡（镇）	样本农户	比例
山东省	菏泽市	鄄城县	彭楼镇、箕山镇	31	9.06
		牡丹区	吴店镇、小留镇	36	10.53
	烟台市	栖霞市	桃营镇、团旺镇	24	7.02
		莱阳市	沐浴店镇、昭旺庄镇	29	8.48
四川省	南充市	阆中市	文城镇、东兴乡	27	7.89
		西充县	青狮镇、义兴镇	35	10.23
	广元市	苍溪县	东青镇、白桥镇	27	7.89
		昭化区	明觉镇、晋贤乡	19	5.56
河南省	鹤壁市	淇县	西岗镇、北阳镇	29	8.48
		浚县	黎阳镇、善堂镇	33	9.65
	驻马店市	确山县	双河镇、任店镇	30	8.77
		西平县	五沟营镇、焦庄乡	22	6.43
合计	—	—	—	342	100

调查样本中，养殖户的个体和生产经营基本特征如表5-7所示。83%的样本户为男性，54.1%的样本户的年龄为45—59岁，初中水平的样本户占48.5%，风险偏好以保守型样本户为主，占总样本户的49.7%。在畜禽养殖生产经营方面，78.1%的样本户养殖收入占家庭总收入的比例在40%及以上。养殖年限以11年及以上的样本户居多，

① 342份样本问卷中，生猪、肉牛、奶牛、肉鸡和蛋鸡养殖户各163份、28份、14份、76份和61份，各自占比47.7%、8.2%、4.1%、22.2%和17.8%。

占比 43.3%。本次调查按《中国畜牧兽医统计年鉴》划分标准，将养殖规模划分为散养户、养殖专业户和规模化以上养殖户，分别占样本总数的 18.1%、41.8% 和 40.1%。山东省、河南省和四川省调研样本分别占比 35.1%、31.6% 和 33.3%。

（二）变量的选择及赋值

1. 变量选择

将理论模型和研究假设转化为公式：养殖户畜禽废弃物资源化利用参与意愿 = F（废弃物排放环境风险认知，废弃物资源化利用前景认知，废弃物资源化利用政策认知 + 控制变量） + 随机误差项。本书因变量为养殖户畜禽废弃物资源化利用参与意愿 P，即其选择参与废弃物资源化利用的主观概率。

给 p 赋值，$p = p(y=1) = F(\beta_i X_i)$，$i = 1, 2, 3, 4, 5$；y = 1 表示养殖户非常不愿意参与废弃物资源化利用，y = 2 表示养殖户不愿意参与废弃物资源化利用，y = 3 表示养殖户参与废弃物资源化利用意愿一般，y = 4 表示养殖户愿意参与废弃物资源化利用，y = 5 表示养殖户非常愿意参与废弃物资源化利用。x_i（i = 1，2，…，n）为可能影响养殖户畜禽废弃物资源化利用参与意愿的因素。因此建立多元有序 logistics 回归模型：

$$\ln\left(\frac{p}{1-p}\right) = \beta_0 + \beta_1 X_1 + \beta_2 X_2 + \cdots + \beta_n X_n + \varepsilon,\ (i = 1, 2, \cdots, n) \tag{5-1}$$

其中，p/（1 - p）被称为几率比或相对风险，β_0 为截距项，ε 为随机误差项。对式（5 - 1）求导可得 $\beta_i\hat{}$，表示解释变量 X_i 增加或减小一个单位引起几率比的变化百分比。利用 stata 15.0 估计上述多元有序 logistics 回归模型，可得养殖户废弃物资源化利用参与意愿的显著性影响因素。

表 5－7　　　　样本养殖户基本统计特征描述　　　　（单位：户，%）

性别	样本量	比例	组织化程度	样本量	比例
男	284	83.0	未参加养殖合作社	253	74.0
女	58	17.0	参加养殖合作社	89	26.0
年龄	样本量	比例	风险偏好	样本量	比例
44 岁及以下	95	27.8	保守型	170	49.7
45—59 岁	185	54.1	风险中性	98	28.7
60 岁及以上	62	18.1	偏好风险	74	21.6
受教育水平	样本量	比例	养殖专业化程度	样本量	比例
未上过学	12	3.5	20% 及以下	36	10.5
小学	55	16.2	21%—40%	39	11.4
初中	166	48.5	41%—60%	95	27.8
高中或中专	73	21.3	61%—80%	114	33.3
大专及以上	36	10.5	81% 及以上	58	17.0
养殖年限	样本量	比例	省份	样本量	比例
1—3 年	41	12.0	山东省	120	35.1
4—6 年	69	20.2	河南省	108	31.6
7—10 年	84	24.5	四川省	114	33.3
11 年及以上	148	43.3			

注：养殖专业化程度由养殖户养殖收入占家庭总收入的比重表示。

2．变量测量

被解释变量。调研设置“您愿意在畜禽资源化利用上投入时间和精力吗”问题来获取调研对象的参与意愿，并设置“非常不愿意＝1，不愿意＝2，一般＝3，愿意＝4，非常愿意＝5”来获取其参与意愿程度。

核心解释变量。本调研主要采取顺序尺度直接访问养殖户，了解其对畜禽养殖排污风险、废弃物资源化利用前景、废弃物资源化利用政策方面的认知情况。养殖户畜禽养殖排污风险认知主要包括对周围空气、水体、土壤造成污染以及是否会对人体健康产生危害的认知情况。废弃物资源化利用前景测度养殖户对畜禽废弃物资源化利用前景的乐观程度，畜禽废弃物资源化利用政策认知包括“您当前了解政府关于推进畜禽粪污资源化利用的相关政策吗”和“您认为废弃物资源化利用是否需要政府财政的扶持”两方面。

控制变量。个体对自我意志控制下行为的感知程度会受到个体内部因素（如技能、能力和意识）和外部因素（如时间、机会或其他人的合作等）的影响（Fielding，2005）。根据已有的文献研究，本书选取包括养殖户的性别、年龄、受教育程度、风险偏好、养殖规模、养殖年限、养殖专业化程度和组织化程度等影响养殖户参与畜禽废弃物资源化利用行动的因素作为控制变量（潘丹、孔凡斌，2015；王桂霞、杨义风，2017）。

调节变量。政府环境规制政策主要通过约束型政策和激励型政策两个维度进行衡量。借鉴张郁、江易华的测量方法（张郁、江易华，2016），本书约束型环境规制政策主要获取养殖户对“环保部门对畜禽养殖污染的监管力度”“环评获取的容易程度”“粪污排放实质受罚力度”的认知信息，并取三项认知信息的算术平均值；激励型环境规制政策主要获取养殖户对“粪污资源化利用资金补贴获取难易度”“畜禽废弃物资源化利用设施获取难易度”“粪污资源化利用技术培训获取难易度”的认知信息，并取三项认知信息的算术平均值。具体赋值标准如表5－8所示。

表5－8　**变量含义及赋值说明**

	变量名称	变量符号	赋值标准	均值	标准差
因变量	参与意愿	WP	非常不愿意＝1，不愿意＝2，一般＝3，愿意＝4，非常愿意＝5	3.51	1.11

续表

	变量名称	变量符号	赋值标准	均值	标准差
核心解释变量	废弃物大气污染认知	APC	非常不同意 =1，不同意 =2，一般 =3，同意 =4，非常同意 =5	3.05	1.15
	废弃物水体污染认知	WPC	非常不同意 =1，不同意 =2，一般 =3，同意 =4，非常同意 =5	3.29	1.10
	废弃物土壤污染认知	SPC	非常不同意 =1，不同意 =2，一般 =3，同意 =4，非常同意 =5	3.24	1.06
	废弃物健康危害认知	HPC	非常不同意 =1，不同意 =2，一般 =3，同意 =4，非常同意 =5	2.65	1.12
	废弃物利用前景认知	UPC	非常不乐观 =1，不乐观 =2，一般 =3，乐观 =4，非常乐观 =5	3.99	0.76
	环境保护政策认知	GPC	非常不了解 =1，不了解 =2，一般 =3，了解 =4，非常了解 =5	2.65	1.11
	财政补贴政策认知	FSC	非常没必要 =1，没必要 =2，无所谓 =3，必要 =4，非常必要 =5	4.01	0.95
控制变量	性别	Gender	男 =1，女 =2	1.17	0.38
	年龄	Year	44 岁及以下 =1，45—59 岁 =2，60 岁及以上 =3	1.90	0.67
	受教育程度	Edu	没上过学 =1，小学 =2，初中 =3，高中（中专） =4，大专及以上 =5	3.19	0.95
	养殖年限	Range	1—3 年 =1，4—6 年 =2，7—10 年 =3，11 年以上 =4	2.99	1.06
	养殖专业化程度	Ratio	20%以下 =1，21%—40% =2，41%—60% =3，61%—80% =4，80%以上 =5	3.35	1.20
	组织化程度	Org	未参加养殖合作社 =0，参加合作社 =1	0.26	0.44
	风险偏好	Risk	保守型 =1，风险中性 =2，偏好风险 =3	1.72	0.80

续表

	变量名称	变量符号	赋值标准	均值	标准差
控制变量	山东省虚拟变量	SD	农户所在省份为山东省 =1，其他 =0	0.35	0.48
	河南省虚拟变量	HN	农户所在省份为河南省 =1，其他 =0	0.32	0.47
调节变量	约束型环境规制政策	Cons	非常不到位 =1，不到位 =2，一般 =3，到位 =4，非常到位 =5	4.40	0.84
	激励型环境规制政策	Ex	非常不容易 =1，不容易 =2，难易适中 =3，容易 =4，非常容易 =5	2.02	1.08

三　实证分析

（一）养殖户畜禽资源化利用认知对其参与意愿的影响

为保证回归结果的一致性和无偏性，笔者对自变量进行相关性检验。检验结果显示，各自变量之间的相关性均小于0.8，表明各自变量之间不存在严重的多重共线性。为控制模型扰动项异方差、自相关以及异常值可能的影响，本书对所有回归都采用了稳健估计。运用stata 15.0对342个样本数据进行多元有序logistics回归，并采用极大似然估计法进行参数估计。模型（一）是考虑所有变量进行的估计，模型（二）是在模型（一）的基础上，根据模型（一）回归的估计值，采取反向筛选法，逐步剔除不显著的变量，直到所有的变量在10%的显著性水平上统计显著。各变量回归系数、稳健标准误和Z统计量如表5－9所示。在模型（一）中Pseudo R^2为0.18，LR统计量为169.33，说明整个方程所有系数的联合显著性可以接受。模型（二）中Pseudo R^2为0.17，LR统计量为163.34。虽然Pseudo R^2和似然比统计量都有所降低，但仍然显著，且与模型（一）相比，核心变量养殖户畜禽废弃物水体污染认知和环保政策认知对养殖户畜禽废弃物资源化利用参与意愿的影响，由在5%的水平上正向显著变为在1%的水平上正向显著。养殖年限和养殖专业化程度对养殖户畜禽废弃物资源化利用参与意愿的影响，也由不显著变为在10%和5%的水平上正向显著。

养殖户废弃物排放环境风险认知对其参与意愿的影响。表5－9显示，模型（一）中养殖户畜禽养殖水体污染认知对其参与意愿的影响在5%的水平上正向显著。在反向剔除不显著变量的模型（二）中，养殖户畜禽养殖水体污染认知对其参与意愿的影响在1%的水平上正向显著。说明养殖户当前对畜禽养殖废弃物的不当排放会造成水体污染的认知程度较高，养殖户认为畜禽养殖废弃物会造成水体污染，则倾向于参与畜禽养殖废弃物资源化利用；但养殖户对畜禽废弃物空气、土壤污染认知和健康危害认知对其参与意愿的影响并不显著。可能是养殖户认为畜禽养殖仅会产生一些异味，不会对周围空气造成污染进而影响人体健康；并且受传统粪肥观念的影响，认为粪肥不仅不会造成土壤污染，还有利于土壤质量改良。以上分析部分验证了假设1。

养殖户废弃物资源化利用前景认知对其参与意愿的影响。模型（一）和模型（二）中养殖户废弃物资源化利用前景认知对其参与意愿的影响并不显著，未能验证假设2。说明目前养殖户对畜禽养殖废弃物资源化利用前景尚存在疑虑，持观望态度。可能原因是，当前推行畜禽养殖废弃物资源化利用的时间较短，2017年刚出台国家层面的畜禽养殖废弃物资源化利用指导意见，畜禽养殖废弃物资源化利用具体推行实践过程较短，畜禽养殖废弃物资源化利用的效果尚未显现。

养殖户废弃物资源化利用政策认知对其参与意愿的影响。模型（一）中养殖户环保政策认知对其参与意愿的影响在5%的水平上正向显著。在反向剔除不显著变量的模型（二）中，养殖户环保政策认知对其参与意愿的影响在1%的水平上正向显著。模型（一）和模型（二）中，养殖户畜禽废弃物资源化利用财政补贴政策认知对其参与意愿的影响均在1%的水平上正向显著，仅在回归系数上存在微小差异，验证了假设3。近年来，中国持续加大环境污染治理力度，开展了农村人居环境整治、环保督查回头看等行动，畜禽养殖污染治理也是环境污染治理重要的组成部分。随着一系列环境污染治理政策的贯彻落实，养殖户对环境保护政策的了解程度不断提高，逐渐认识到环境保护的重要性。另外，近年来中国畜禽养殖规模不断扩大，养殖户畜禽养殖过程中产生的大量畜禽粪便超出了其自身处理能力。畜禽养殖废弃物资源化利用财政补贴的持续落地，在一定程度上提高了养殖户畜禽粪便的处理能力，能够有效激发养殖户参与畜禽养殖废弃物资源化利用的积极性。

养殖户个体特征和生产经营情况对其参与意愿的影响。表5－9显示模型（一）中，养殖户性别、年龄、受教育程度、养殖年限、养殖专业化程度和组织化程度等变量对其参与意愿的影响并不显著。这可能是由于当前中国养殖户文化程度较低、规模以下养殖户居多、养殖收入占家庭总收入的比重较低、未加入养殖合作社的受访者居多的原因。表5－9显示模型（一）和模型（二）中，山东省畜禽养殖户相对于四川省畜禽养殖户更不愿意参与畜禽废弃物资源化利用行动，在1%的水平上负向统计显著，说明山东省畜禽养殖户相对于四川省畜禽养殖户并不愿意参与畜禽废弃物资源化利用行动。这可能与各省份受访养殖户所养殖品种相关，山东省的样本中以蛋鸡和肉鸡养殖户居多，占山东省样本养殖户数的1/2；四川省生猪养殖户居多，占四川省样本养殖户数的2/3。蛋鸡和肉鸡的粪便相对于生猪粪便较易处理，鸡粪的肥料化程度也较高，因此山东省的蛋鸡和肉鸡养殖户参与畜禽养殖废弃物资源化利用的意愿并不强烈。在反向剔除不显著变量的模型（二）中，养殖户养殖年限对其参与意愿的影响在10%的统计水平上正向显著，养殖户养殖专业化程度对其参与意愿的影响在5%的水平上正向显著。一般来说，养殖户养殖年限越长，对畜禽养殖的行业洞察力越强，越能较快了解到畜禽养殖废弃物资源化利用的益处。养殖户畜禽养殖收入占家庭收入的比重越大，通常养殖规模以及随之而来的畜禽粪便处理压力也越大，因此参与畜禽养殖废弃物资源化利用行动获得财政补贴的机会就越大，从而养殖户参与畜禽养殖废弃物资源化利用的积极性也就越高。

表5-9 养殖户畜禽废弃物资源化利用参与意愿影响因素logistics回归结果

变量名称	模型（一）			模型（二）		
	回归系数	稳健标准误	Z统计量	回归系数	稳健标准误	Z统计量
APC	0.008	0.130	0.06	—	—	—
WPC	0.309**	0.133	2.33	0.335***	0.103	3.24
SPC	-0.061	0.124	-0.49	—	—	—
HPC	0.075	0.162	0.46	—	—	—
UPC	0.174	0.178	0.98	—	—	—
GPC	0.376**	0.168	2.24	0.416***	0.099	4.18
FSC	1.073***	0.129	8.29	1.139***	0.124	9.17
Gender	-0.243	0.289	-0.84	—	—	—
Year	0.048	0.197	0.24	—	—	—
Edu	0.173	0.145	1.19	—	—	—
Range	0.148	0.108	1.37	0.158*	0.094	1.68
Ratio	0.178	0.133	1.34	0.217**	0.100	2.17
Org	-0.076	0.257	-0.29	—	—	—
Risk	0.186	0.139	1.33	—	—	—
SD	-1.081***	0.323	-3.35	-1.264***	0.285	-4.44
HN	0.220	0.318	0.69	—	—	—
Pseudo R^2	0.18			0.17		
LR统计量	169.33			163.34		
P值	0.000			0.000		

（二）环境规制政策对养殖户畜禽废弃物资源化利用认知—参与意愿的调节效应

本书借鉴张郁、江易华的做法（张郁、江易华，2016），分别以约束型环境规制政策和激励型环境规制政策为标准变量，以其均值作为分组标准，将样本分为低于均值组和高于均值组进行分组多元有序 logistics 回归，比较不同组别系数的显著性变化来考察调节变量的作用效果，回归结果如表 5－10 所示。

表 5－10　环境规制对养殖户畜禽废弃物资源化利用认知—意愿的调节效应

变量名称	约束型政策				激励型政策			
	低于均值组		高于均值组		低于均值组		高于均值组	
	回归系数	稳健标准误	回归系数	稳健标准误	回归系数	稳健标准误	回归系数	稳健标准误
APC	-0.153	0.251	0.102	0.156	0.014	0.160	-0.192	0.279
WPC	0.368	0.269	0.343**	0.175	0.320*	0.165	0.600*	0.331
SPC	-0.099	0.241	-0.278	0.159	-0.133	0.152	0.154	0.262
HPC	0.356	0.317	-0.011	0.210	0.112	0.197	0.018	0.335
UPC	0.033	0.253	0.257	0.237	0.141	0.219	0.197	0.285
GPC	0.172	0.322	0.470**	0.228	0.219	0.197	0.922***	0.338
FSC	0.978***	0.209	1.171***	0.184	1.111***	0.144	1.198***	0.376
Gender	-0.211	0.471	-0.068	0.454	-0.119	0.367	-0.729	0.635
Year	0.459	0.317	-0.130	0.265	-0.011	0.222	0.640	0.447
Edu	0.315	0.255	0.133	0.196	0.203	0.188	0.451	0.308
Range	-0.123	0.194	0.285**	0.141	-0.650	0.213	0.521	0.396
Ratio	0.237	0.218	0.110	0.182	0.054	0.126	0.225	0.270
Org	-0.101	0.400	0.030	0.375	0.198	0.171	-0.359	0.355
Risk	0.336	0.242	0.157	0.189	0.036	0.331	-0.335	0.497
SD	-0.513	0.600	-0.956**	0.415	0.184	0.167	0.394	0.330
HN	0.003	0.585	0.502	0.416	-1.284***	0.365	-0.421	0.752
样本量	143		199		244		98	
Pseudo R^2	0.16		0.21		0.17		0.21	
LR 统计量	61.26		115.89		132.96		54.33	
P 值	0.000		0.000		0.000		0.000	

约束型环境规制政策对养殖户畜禽养殖水体污染认知—参与意愿关系的调节在5%的统计水平上正向显著，对畜禽养殖环保政策认知—参与意愿关系的调节效应在5%的统计水平上正向显著，对畜禽废弃物资源化利用财政补贴政策认知—参与意愿关系的调节效应在1%的统计水平上正向显著。因此，养殖户对养殖造成周围水体污染的认知程度越高，对畜禽养殖环保政策认知程度和畜禽废弃物资源化利用财政补贴政策认知程度越高，约束型环境规制政策实施程度越高，养殖户越会参与畜禽废弃物资源化利用。约束型环境规制政策对养殖户养殖废弃物空气、土壤污染认知和健康危害认知—参与意愿关系的调节效应并不显著，有可能与养殖户对畜禽养殖大气污染、土壤污染和健康危害认知程度不高相关。

激励型环境规制政策对养殖户畜禽养殖水体污染认知—参与意愿关系的调节效应在5%的统计水平上正向显著，对畜禽养殖环保政策认知—参与意愿关系的调节效应在1%的统计水平上正向显著，对畜禽废弃物资源化利用财政补贴政策认知—参与意愿关系的调节效应在1%的统计水平上正向显著。因此，对畜禽养殖水体污染的认知程度越高，对畜禽养殖环保政策认知程度和畜禽废弃物资源化利用财政补贴政策认知程度越高，激励型环境规制政策实施越到位，养殖户越会参与畜禽废弃物资源化利用。另外，约束型环境规制政策和激励型环境规制政策对养殖户畜禽养殖废弃物大气、土壤污染认知和健康危害认知—参与意愿关系、养殖户畜禽养殖废弃物资源化利用前景认知—参与意愿关系的调节效应均不显著，以上分析部分验证了假设4。

一方面，近年来中国加大了环境污染防治政策的宣传力度，对畜禽养殖环境污染行为责令整改，并划定禁养区和限养区。畜禽养殖对水体的污染最为直观，环境污染治理的政策压力会有效提高养殖户对畜禽养殖水体污染的认知程度，进而促使养殖户采取有效方法防治畜禽养殖水体污染。另一方面，随着中国政府对环境污染问题的重视，虽然一系列约束型环境规制政策和激励型环境规制政策逐步出台，但养殖户受传统粪肥观念的影响，一般意识不到畜禽养殖废弃物对空气、土壤和人体健康的影响。而且对于当前的畜禽养殖废弃物资源化利用财政补贴，政府一般要求养殖户自身先进行养殖场整改和粪污处理设施建设，通过第三方验收的审查达标者才会获得一定的配比财政补贴资金。建设粪污处理设施对于养殖户（尤其是规模以下养殖户）来说是一笔不小的资金投入，这在一定程度上也会影响养殖户对畜禽养殖废弃物资源化利用前景的预测，从而抑制了养殖户参与畜禽养殖废弃物资源化利用的积极性。

四　主要结论与启示

基于山东、河南、四川三省 342 户养殖户调研数据，建立多元有序 logistics 回归模型，研究了养殖户废弃物资源化利用认知对其参与意愿的影响，并引入环境规制政策作为调节变量，分析了环境规制政策对养殖户畜禽废弃物资源化利用认知—参与意愿关系的调节效应。结果表明：在控制相关变量的基础上，养殖户畜禽养殖水体污染认知、废弃物资源化利用环保政策认知以及畜禽废弃物资源化利用财政补贴政策认知，对其参与意愿具有显著的正向影响。其中，政府畜禽资源化利用财政补贴政策认知对其参与意愿的影响程度最大；约束型环境规制政策和激励型环境规制政策对养殖户畜禽养殖水体污染认知—参与意愿关系、养殖户废弃物资源化利用环保政策认知—参与意愿关系和畜禽废弃物资源化利用财政补贴政策认知—参与意愿关系存在显著的正向调节效应。另外，约束型环境规制政策和激励型环境规制政策对养殖户废弃物空气、土壤污染和人体健康危害认知—参与意愿关系调节效应和对废弃物资源化利用前景认知—参与意愿关系的调节效应均不显著。

基于上述实证分析结果，对以后政府推进畜禽废弃物资源化利用工作提出几点建议。

首先，鉴于当前畜禽养殖户对畜禽养殖水体污染的了解程度较高，而对于畜禽养殖空气、水体污染和对人体健康危害的相关知识相对匮乏的情况，政府应通过大众传媒、讲座培训等途径和方法提高养殖户对畜禽养殖空气、土壤污染和健康危害的认知。

其次，当前畜禽养殖户认为近年来畜禽养殖环保政策实施非常到位，虽然畜禽废弃物资源化利用财政补贴力度相对不够，但也能够有效促使养殖户参与畜禽废弃物资源化利用行动。不过，现行畜禽养殖污染治理政策过严且较为死板，补贴政策激励程度不大，结构不合理，也一定程度上影响了养殖户参与畜禽废弃物资源化利用行动的积极性。因此，政府在制定畜禽养殖污染治理政策和财政补贴标准时应考虑到政策受众的需求偏好和差异性，以便使环境规制政策更为有效。

最后，约束型环境规制政策和激励型环境规制政策对养殖户畜禽废弃物禽资源化利用认知—参与意愿关系均具有一定的调节效应。实证研究也表明，政府介入养殖户畜禽养殖过程中的环境污染问题，实施环境规制政策、进行环境污染的治理和组织实施具体环保措施很有必要。在具体环境规制政策制定和实施过程中，政府应保证畜禽养殖和废弃物资源化利用政策推进的连贯性和稳定性，为养殖户畜禽养殖和废弃物资源化利用提供稳定的心理预期。

第三节　本章小结

本章对重要的市场参与主体种植户和养殖户参与农业废弃物资源化的意愿及其影响因素进行了分析。其一，基于黑龙江、山东、河南、四川四省 693 个样本农户数据，运用多元有序 Logistics 回归模型，研究农户农业废弃物资源化利用价值与技能感知、成本收益感知与市场回收条件感知对其参与意愿的影响，在此基础上，分析了环境规制政策对农户农业废弃物资源化利用感知—参与意愿关系的调节效应。结果表明：（1）农户农业废弃物资源化利用技能感知、成本感知、与回收渠道间的距离感知、回收渠道稳定性感知，均显著地影响其参与意愿；其中，农户农业废弃物资源化利用技能感知和回收渠道稳定性感知对其参与意愿具有显著的正向影响。（2）引导型环境规制政策对农户农业废弃物资源化利用前景感知与技能感知—参与意愿关系存在显著的正向调节效应。（3）约束型环境规制政策对农户农业废弃物回收利用重要性感知、回收渠道稳定性感知—参与意愿关系存在显著的正向调节效应。（4）激励型环境规制对农户农业废弃物资源化利用前景感知与技能感知、收益感知、回收渠道稳定性感知—参与意愿关系存在显著的正向调节效应，对与回收渠道间的距离感知—参与意愿关系存在显著负向调节效应。建议加强技术培训、增设更多补贴款项、健全农业废弃物回收机制，提高农户参与意愿，充分发挥3种规制政策的互补作用，不断调整优化农业废弃物资源化利用政策，持续推进农业农村绿色发展。

其二，基于山东、河南、四川三省342户养殖户的问卷调查数据，建立多元有序logistics回归模型，研究了养殖户畜禽废弃物资源化利用认知对其参与意愿的影响；并引入环境规制政策作为调节变量，分析了环境规制政策对养殖户畜禽废弃物资源化利用认知—参与意愿关系的调节效应。结果表明：（1）在控制相关变量的基础上，养殖户畜禽养殖水体污染认知、畜禽养殖环保政策认知以及废弃物资源化利用财政补贴政策认知，对其参与意愿具有显著的正向影响。其中，废弃物资源化利用财政补贴政策认知对其参与意愿的影响最为显著。（2）约束型环境规制政策和激励型环境规制政策对养殖户畜禽养殖水体污染认知—参与意愿关系、畜禽养殖环保政策认知—参与意愿关系和畜禽废弃物资源化利用财政补贴政策认知—参与意愿关系存在显著的正向调节效应。建议政府在制定畜禽养殖污染治理政策和财政补贴标准时应考虑到政策受众的需求偏好和差异性，以便使环境规制政策更为有效；同时，通过大众传媒、讲座培训等途径和方法提高养殖户对畜禽养殖空气、土壤污染和健康危害的认知。

第六章

农业废弃物资源主体意愿与行为一致性分析

对不同市场主体农业废弃物市场化处理意愿与行为一致性进行分析，有助于提高农业废弃物资源化利用行动转化有效率。本章以养殖户为研究主体，对养殖户畜禽废弃物市场化利用的意愿及行为一致性进行分析。养殖户是畜禽粪污市场化处理最基本的参与者，其市场化参与意愿和行为显著影响畜禽粪污治理效果。基层调研数据显示，有39.4%的养殖户出现市场化处理意愿与行为不一致的现象；但只有当意愿与行为一致时，意愿才能有效地预测其实际行为，养殖户才会从畜禽粪污资源化利用中获得经济效益和生态效益（周利平等，2015）。因此，探究养殖户畜禽粪污市场化处理意愿与行为一致性，对提高其意愿转化为行动的有效率、加快构建中国畜禽粪污资源化市场交易体系、实施有效的农业环境政策和促进中国农业农村绿色发展具有重要意义。

在这种情况下，养殖户是否愿意进行畜禽粪污市场化处理并在实践中付出实际行为？有哪些因素将影响养殖户对畜禽粪污市场化处理意愿与行为的一致性？他们之间的互相作用关系是怎么样的？哪些是直接因素？哪些又是根源因素？本章试图回答这些问题，借鉴已有的研究成果，基于对山东、河南、四川三省348户养殖户的问卷调查和访谈数据，运用 UTAUT 理论分析框架与 Logist-ISM 模型，对影响养殖户畜禽粪污市场化处理意愿与行为的一致性因素进行了系统研究，旨在为建立畜禽粪污资源化市场交易体系提供理论支撑和现实指导。

第一节　研究假设

基于 UTAUT 模型的认可度和近年来相关学者的实证研究支撑，本章以 UTAUT 模型作为理论基础，除了引用 UTAUT 模型中绩效期望、努力期望、社会影响、促进条件外，还引入养殖户个体特征与养殖场特征变量作为主要变量，构建养殖户对畜禽粪污市场化处理意愿与行为一致性分析的 UTAUT 理论模型（见图 6－1）。

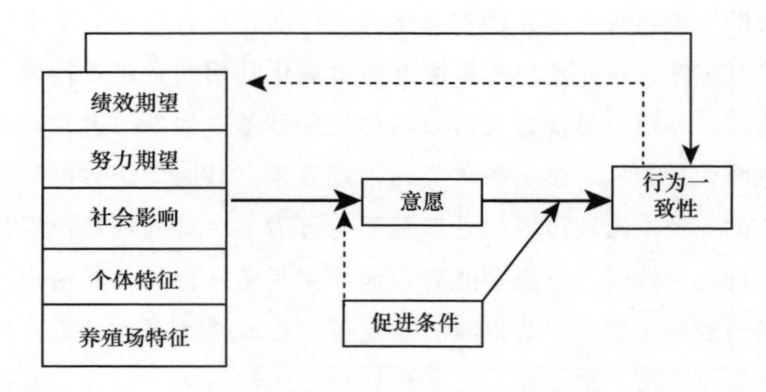

图 6－1　养殖户对畜禽粪污市场化处理意愿与行为一致性分析的 UTAUT 理论模型

基于前文的理论分析和相关研究成果，提出以下研究假设。

H1：绩效期望对养殖户畜禽粪污市场化处理意愿与行为一致性具有显著正向影响。

绩效期望是指养殖户对畜禽粪污进行市场化处理后可获得的收益感知和对其的期望。主体的“感知有用性”和“感知价值”越高，收益感知越高，行为采纳概率越高（Sweeney，Soutar，2001；Parasuraman，Grewal，2000），则意愿与行为的一致性就越高。畜禽粪污市场化处理具有生态、经济、社会效益，养殖户感知畜禽粪污市场化处理有利于周边水、空气、土壤等环境的改善，周边人对畜禽粪污市场化处理的需求越高、对粪污市场化处理的前景越乐观，表示其对市场化处理行为的“感知有用性”“感知价值”期望越高，其采取市场化处理行为概率越高。因此，本章绩效期望用畜禽粪污市场化处理对周边环境的改善度、对粪污市场化处理前景的乐观度、对粪污市场化处理的需求度这三个具有代表性的具体变量来衡量，预计这三个变量对其市场化处理意愿与行为一致性具有显著的正向影响。

H2：努力期望对养殖户畜禽粪污市场化处理意愿与行为一致性具有显著正向影响。

努力期望是指养殖户对畜禽粪污市场化处理的难易程度感知，体现在养殖户对粪污市场化处理的“感知易用性”，对个体决策具有重要影响（Pedersen et al.，2016）。由于已有学者指出“努力期望”与“便利条件”变量选取的相关性较高会对研究结果造成影响，故对“努力期望”变量的选取侧重养殖户的内在条件入手。“感知易用性”受个体资源禀赋和预期困难等限制（王建华等，2019），比如受养殖户对畜禽粪污资源化利用的了解程度、产业组织状况、种养结合度、对当前粪污市场化交易满意度的影响限制。因此本章努力期望用对畜禽粪污资源化利用的了解程度、纵向合作程度、横向合作程度、种养结合度、对畜禽粪污市场化处理的满意度这五个具有代表性的具体变量来衡量，预计这五个变量对其市场化处理意愿与行为一致性具有显著的正向影响。

H3：社会影响对养殖户畜禽粪污市场化处理意愿与行为一致性具有显著正向影响。

社会影响是指养殖户受周围人和社会群体的态度和看法从而影响

对畜禽粪污市场化处理的行为决策，体现于养殖户受周围群体的影响度。个体对周围人的态度和社会关注的感知程度不同，对行为决策的响应度也不同（Chen et al.，2012）。养殖户对畜禽粪污市场化处理意愿受周围有效需求和社会关注因素（Venkatewsh et al.，2003）、周边农户施用粪肥积极性（张诩等，2019）、相关部门监管力度（赵丽平等，2015）等因素的影响，因此本章社会影响用周边地区对有机肥利用的积极性、养殖污染监管力度这两个具有代表性的具体变量来衡量，预计这两个变量对其市场化处理意愿与行为一致性具有显著的正向影响。

H4：促进条件对养殖户畜禽粪污市场化处理意愿与行为一致性具有显著正向影响。

促进条件是指促进养殖户进行畜禽粪污市场化处理行为的资源条件，体现在客观的外部资源条件对市场化处理的支持程度。交通条件、便利设施对个体行为意愿具有显著正向影响（Nysveen，Pedersen，2016）。因此本章促进条件用交通条件、周边规模农田（种植园）的距离、周边有机肥厂的距离这三个具有代表性的具体变量来衡量，预计这三个变量对其市场化处理意愿与行为一致性具有显著的正向影响。

H5：养殖户个体特征对畜禽粪污市场化处理意愿与行为一致性具有显著影响。

养殖户对畜禽粪污市场化处理的感知程度受个体内部因素的影响。已有研究表明，男性养殖决策者环保认知水平普遍高于女性，更加注重畜禽粪污资源化利用（何可、张俊飚，2013）；年龄较小的养殖户更有可能打破传统方式，选择市场化处理方式的概率更大（潘丹、孔凡斌，2018）；文化程度越高，其采取市场化处理的意愿越高（张晖等，2011）；担任村干部的养殖户会更加注重起表率作用，会积极参与市场化处理行动（张维平，2018）；风险偏好程度对中大规模的畜禽养殖户资源化利用的参与意愿影响显著（张维平，2018）。根据相关学者的研究成果，本章养殖户个人特征选取了养殖户的性别、年龄、文化程度、社会身份、风险偏好这五个具有代表性的具体变量来衡量，预计这五个变量对其市场化处理意愿与行为一致性具有显著影响。

H6：养殖场特征对养殖户畜禽粪污市场化处理意愿与行为一致性具有显著影响。

养殖户对畜禽粪污市场化处理的行为决策受养殖场状况的影响。已有研究表明，不同类型地区会影响养殖户对畜禽粪污资源化利用的行为选择（姜海等，2015），而地理条件对类型地区有直接影响；养殖户的养殖收入比例越高、养殖专业化程度越高，进行粪污资源化利用的意愿更高（王桂霞、杨义风，2017）；不同的养殖规模，养殖户在畜禽粪污资源化处理方式上存在较大的异质性，中小规模的养殖户更倾向于市场化的方式出售畜禽粪污，散养户更倾向于堆肥还田（Zheng，2014）；扩大养殖规模的意愿越强，表明对粪污处理能力越有信心。根据相关学者的研究成果，本章养殖场特征选取了养殖场的地理位置、养殖专业化程度、养殖规模以及养殖户未来三年是否考虑扩大养殖规模这四个具有代表性的具体变量来衡量，预计这四个变量具有显著影响。

第二节　数据说明与特征描述

一　数据说明

本章数据采用养殖户问卷数据，本次调研共发放380份问卷，剔除回答不完整、异常值等问卷，实际获得本章所需数据有效问卷为348份[①]，有效问卷率为92%。问卷总体的克伦巴赫（Cronbach）α信度系数为0.72，大于0.7，说明问卷的信度较好；KMO值为0.71，大于

---

① 348份样本问卷中，生猪、肉牛、奶牛、肉鸡和蛋鸡养殖户各163份、28份、20份、76份和61份，各自占比46.8%、8%、5.7%、21.8%和17.5%。

0.7，说明问卷的结构效度良好。调查样本分布区域及占比情况如表6－1所示。

表6－1　　样本养殖户分布状况　　（单位：户，%）

	样本市	样本县（市、区）	样本乡（镇）	样本农户	比例
山东省	菏泽市	鄄城县	彭楼镇、箕山镇	31	8.91
		牡丹区	吴店镇、小留镇	36	10.34
	烟台市	栖霞市	桃营镇、团旺镇	24	6.90
		莱阳市	沐浴店镇、昭旺庄镇	29	8.33
四川省	南充市	阆中市	文城镇、东兴乡	27	7.76
		西充县	青狮镇、义兴镇	35	10.06
	广元市	苍溪县	东青镇、白桥镇	27	7.76
		昭化区	明觉镇、晋贤乡	22	6.32
河南省	鹤壁市	淇县	西岗镇、北阳镇	29	8.33
		浚县	黎阳镇、善堂镇	33	9.48
	驻马店市	确山县	双河镇、任店镇	30	8.62
		西平县	五沟营镇、焦庄乡	25	7.18
合计	—	—	—	348	100

二　样本特征

从样本养殖户基本特征来看（见表6－2），348位样本养殖户大部分为男性、年龄偏大且文化水平不太高。男性养殖户达到82.8%，53.2%的户主年龄为45—59岁，44岁以下的中青年仅占29%，初中水平的样本户占48.9%，而有大专及以上文化程度的只达到10.6%；从畜禽养殖生产经营情况来看，77.3%的样本养殖户是采取了种养结合的方式，65.8%的样本养殖户养殖收入占家庭总收入的30%以上，42.5%的样本养殖户养殖年限在10年以上。在问卷调查中，关于畜禽粪污市场化处理意愿，不愿意的共66户，占比18.97%；愿意的共

282户，占比81.03%。但是从样本养殖户畜禽粪污市场化实际处理情况来看（见表6-3），主要选择市场化处理方式的共有161户，仅占46.26%；主要选择非市场化处理行为的共有187户，占53.74%。其中选择市场化处理方式的养殖户中，有96户选择无偿赠予，52户选择销售给农户或者有机肥企业，分别占比27.59%和14.94%；选择非市场化处理方式的养殖户中，有175户选择自家堆肥还田，12户选择直接排放，分别占比50.29%和3.45%，说明有39.4%的养殖户出现市场化处理意愿与行为不一致的现象。

表6-2 样本养殖户基本特征 （单位：户，%）

	选项	样本量	比例		选项	样本量	比例
性别	男	288	82.8	种养结合情况	否	79	22.7
	女	60	17.2		是	269	77.3
年龄	≤44岁	110	31.61	养殖专业化程度	30%以下	119	34.2
	45—59岁	179	51.44		31%—60%	192	55.2
	60岁及以上	59	16.95		61%以上	37	10.6
文化程度	小学及以下	67	19.3	养殖年限	1—3年	42	12.1
	初中	170	48.9		4—6年	70	20.1
	高中或中专	74	21.3		7—10年	88	25.3
	大专及以上	37	10.6		11年及以上	148	42.6

表6-3 样本养殖户畜禽粪污的处置方式 （单位：户，%）

非市场化			市场化		
主要行为选择	样本户	比例	主要行为选择	样本户	比例
直接排放	12	3.45	无偿赠予	96	27.59
自家堆肥还田	175	50.29	销售给农户或者有机肥企业	52	14.94
			由相关合作社进行处理	2	0.57
			其他市场化处理方式	11	3.16
合计	187	53.74		161	46.26

第三节　模型构建与变量说明

一　模型构建

根据前文的分析，构建 Logit-ISM 模型，运用 Logit 模型对影响因素进行筛选，再运用 ISM 模型探究影响因素的逻辑关系和层次结构。

一是探究影响养殖户畜禽粪污市场化处理意愿与行为一致性的显著影响因素，根据选取的 n 个变量，构建函数 $y=f(x_1, x_2, x_3, \cdots, x_n)$。其中，被解释变量 y 只出现 $y=0$ 和 $y=1$ 两种情况，当养殖户畜禽粪污市场化处理意愿与行为一致时，$y=1$；当养殖户畜禽粪污市场化处理意愿与行为不一致时，$y=0$；x_1，x_2，x_3，…，x_n为上述影响养殖户畜禽粪污市场化处理意愿与行为一致性的变量。运用二元 logit 模型对养殖户畜禽粪污市场化处理意愿与行为一致性进行分析，该模型表达式为：

$$\text{logit}(p_i) = \text{Ln}\left(\frac{p_i}{1-p_i}\right) = \alpha + \sum_{j=1}^{n} \beta_j x_j + e \tag{6-1}$$

其中，p_i是第 i 户农户出现“$y=1$，一致”的概率，$1-p_i$是第 i 户农户出现“$y=0$，不一致”的概率，α 为常数项，β_j为待估回归系统，x_j为第 j 个影响养殖户畜禽粪污市场化处理意愿与行为一致性的变量，e 为随机误差项。

二是探究各显著影响因素之间的内在逻辑。运用 ISM 法基于关联矩阵原理，通过处理系统中各影响因素之间的关系，构造多级阶梯结构模型，进而明确各影响因素间的关联性、层次性。ISM 模型分析共有四个步骤，第一是确定因素之间的逻辑关系。根据 logit 回归确定有 K 个显著性影响因素，用S_0表示养殖户畜禽粪污市场化处理意愿与行为一致性，用$S_i(1, 2, 3, \cdots, k)$表示这些显著性影响因素，根据“V 表示行因素对列因素有直接或间接的影响、A 表示列因素对行因素有直接或间接的影响”的原则，确定各因素之间的逻辑关系。第二是根据公式（6－2）确定邻接矩阵 A。第三是根据公式（6－3）确定可达矩阵 M，公式（6－3）中 I 为单位矩阵，$2\leqslant\lambda\leqslant k$。

$$a_{ij}=\begin{cases}1, & S_i\text{对}S_j\text{有影响}\\ & \qquad (i=0,1,\cdots,k;\ j=0,1,\cdots,k)\\ 0, & S_i\text{对}S_j\text{无影响}\end{cases} \qquad (6-2)$$

$$M=(R+I)^{\lambda+1}=(R+I)^{\lambda}\neq(R+I)^{\lambda-1}\neq\cdots\neq(R+I)^{2}\neq(R+1) \qquad (6-3)$$

$$L_i=\{S_i\mid P(S_i)\cap Q(S_i);\ i=0,1,\cdots,n\}\ (n\leqslant k) \qquad (6-4)$$

第四是对因素进行分层级关系。根据公式（6－4）依次由高到低逐步确定各层所含因素，其中，$P(S_i)$为可达集，是要素S_i对应的行中包含 1 的矩阵元素所对应的列要素集合；$Q(S_i)$为先行集，是要素S_i对应的列中包含 1 的矩阵元素所对应的行要素集合。先依据公式（6－4）计算最高层L_1，再从可达矩阵 M 中去掉L_1对应的行和列，对新的矩阵进行（6－4）式操作，得到第二层因素L_1，依此类推得到其他层次$L_{i+1}(i=1,\cdots,k-1)$的因素，且$L_{i+1}(i=0,1,\cdots,k-1)$层次的因素是层次因素$L_i$的原因，最终得到养殖户畜禽粪污市场处理意愿与行为一致性的影响因素层次结构。

二　变量说明

根据理论分析和研究假设以及调研情况，笔者构建畜禽粪污市场化处理与行为一致性的 UTAUT 理论分析模型，选择了 6 类共 22 个代表性变量，变量名称与定义如表 6－4 所示。表 6－4 中有些综合性指标的赋值依赖于调研者对被调研者回答的一系列细分问题进行综合判断。比如，对畜禽粪污资源化利用的了解程度由调研者根据调研对象对国家政策和相关法律法规的了解程度、参与相关技术培训次数、畜禽粪污资源化利用方式了解程度等进行综合判断给分。

表6-4 变量含义及赋值说明

	变量名称	变量符号	变量定义	均值	标准差
绩效期望（PE）	对周边环境的改善度	EPC	没有影响=1，影响很轻=2，一般=3，影响较大=4，影响很大=5	2.80	1.36
	对粪污市场化处理前景的乐观度	UPC	很不乐观=1，不乐观=2，一般=3，乐观=4，非常乐观=5	3.97	0.78
	对粪污市场化处理的需求度	Need	差=1，较差=2，一般=3，较高=4，高=5	3.51	1.43
努力期望（EE）	对畜禽粪污资源化利用的了解程度	GPC	非常不了解=1，不了解=2，一般=3，了解=4，非常了解=5	2.97	1.05
	纵向合作程度	Log	自产自销=1，市场交易=2，供销合同=3	1.88	0.47
	横向合作程度	Cro	未参加合作社=0，参加合作社=1	0.28	0.45
	是否种养结合	Far	否=0，是=1	0.77	0.42
	对当前粪污市场化处理的满意度	Sat	差=1，较差=2，一般=3，较好=4，好=5	2.24	0.98
社会影响（SI）	周边地区对有机肥利用的积极性	AUF	差=1，较差=2，一般=3，较好=4，好=5	3.62	1.14
	养殖污染监管力度	Cons	非常不到位=1，不到位=2，一般=3，到位=4，非常到位=5	3.61	0.84
促进条件（FC）	交通条件	Traffic	差=1，较差=2，一般=3，较好=4，好=5	3.86	0.92
	周边规模农田（种植园）的距离	PLD	1千米及以下=1，2—3千米=2，4—5千米=3，5千米以上或无大型农田、种植园=4	2.68	1.41
	周边有机肥厂的距离	PUD	1千米及以下=1，2—3千米=2，4—5千米=3，6—10千米=4，10千米以上或无有机肥厂=5	4.53	1.18

续表

	变量名称	变量符号	变量定义	均值	标准差
个体特征（IC）	性别	Gender	男 =1，女 =2	1.17	0.38
	年龄	Age	30 岁及以下 =1，30—44 岁 =2，45—59 岁 =3，60 岁及以上 =4	2.83	0.73
	文化程度	Edu	小学以下 =1，初中 =2，高中（中专） =3，大专及以上 =4	2.23	0.88
	社会身份	ID	村民 =0，干部 =1	0.20	0.40
	风险偏好	Risk	保守型 =1，风险中性 =2，偏好风险 =3	1.72	0.80
养殖场特征（LC）	地理位置	Geo	东部 =1，中部 =2，西部 =3	2.02	0.76
	养殖专业化程度	Ratio	30% 以下 =1，31%—60% =2，61% 以上 =3	1.76	0.63
	未来三年是否考虑扩大养殖规模	EFS	否 =0，是 =1	0.51	0.50
	养殖规模	Scale	散养户 =1，养殖专业户 =2，规模化养殖场 =3	2.24	0.75

注：按《中国畜牧兽医统计年鉴》中的划分标准将养殖规模划分为散养户、养殖专业户和规模化养殖场。

第四节　结果分析与讨论

一　处理意愿与行为一致性的影响因素分析

运用 stata 15.0 对 348 个样本数据进行分析，为保证回归结果的一致性和无偏性，首先对自变量进行相关性检验，检验结果显示，各自变量之间的相关性均小于 0.7，表明各自变量之间不存在严重的多重共线性。为控制模型扰动项异方差、自相关以及异常值可能的影响，本书对所有回归都采用了稳健估计，各变量回归系数、稳健标准误、Z 统计量和 P 值如表 6－5 所示。由表 6－5 可知，Pseudo R^2 为 0.91，LR 统计量为 137.38，说明整个方程所有系数的联合显著性很高。

由表6-5可知，绩效期望变量中对粪污市场化处理前景的乐观度，努力绩效变量中对粪污市场化处理的满意度，社会影响变量中的养殖污染监管力度，促成条件变量中的交通条件、周边规模农田（种植园）的距离、周边有机肥厂的距离，这六个变量均通过1%统计水平的显著性检验，说明这六个变量对养殖户畜禽粪污市场化处理意愿和行为一致性具有显著的影响。养殖户个体特征和养殖场特征变量中未有变量通过显著性检验。

表6-5 养殖户畜禽粪污市场化处理意愿与行为一致性的影响因素回归结果

	Var	Coef.	Std. Err.	Z	P > | z |
PE	EPC	0.327	0.438	0.75	0.455
	UPC	1.111 ***	0.376	2.95	0.003
	Need	-0.944	0.599	-1.57	0.115
EE	GPC	-0.491	0.471	-1.04	0.297
	Log	-0.060	1.646	-0.04	0.971
	Cro	-0.551	1.119	-0.49	0.622
	Far	-1.046	1.439	-0.73	0.467
	Sat	13.70 ***	1.843	7.43	0.000
SI	AUF	0.218	0.538	0.41	0.685
	Cons	1.540 ***	0.504	3.05	0.002
FC	Traffic	0.969 ***	0.308	3.15	0.002
	PLD	3.936 ***	0.702	5.61	0.000
	PUD	2.603 ***	0.696	3.74	0.000
IC	Gender	1.401	1.161	1.21	0.227
	Age	0.553	0.743	0.74	0.457
	Edu	0.636	0.469	1.36	0.175
	ID	-1.491	0.964	-1.55	0.122
	Risk	-0.108	0.735	-0.15	0.884

续表

	Var	Coef.	Std. Err.	Z	P > | z |
LC	Geo	0.510	0.496	1.03	0.303
	Ratio	1.379	0.928	1.49	0.137
	EFS	-1.381	1.266	-1.09	0.275
	Scale	0.767	0.788	0.97	0.331
Pseudo R^2	0.91				
LR 统计量	137.38				
P 值	0.0000				

二　影响因素内在逻辑层次分析

根据 Logit 模型回归分析得出六个显著性影响养殖户畜禽粪污市场化处理意愿和行为一致性的变量，利用 ISM 模型进一步分析这些影响因素之间的内在逻辑和层次结构。分别用 S_1、S_2、S_3、S_4、S_5、S_6 表示对粪污市场化处理前景的乐观度、对粪污市场化处理的满意度、交通条件、养殖污染监管力度、周边规模农田（种植园）的距离、周边有机肥厂的距离。通过相关专家学者的谈论，根据 A 和 V 的确定原则，得到各因素的逻辑关系（见图 6-2）。根据图 6-2 确定邻接矩阵 A，结合公式（6-3）和布尔运算法则，借助 MatlabR2018b 软件编程计算得到可达矩阵 M（见图 6-3），再依据公式（6-4）对可达矩阵进行层次划分，依次得到 $L_1=\{S_0\}$，$L_2=\{S_2\}$，$L_3=\{S_1, S_6\}$，$L_4=\{S_4, S_5\}$，$L_5=\{S_3\}$，最终得到排序后的可达矩阵 M（见图 6-3），由图 6-3 可知，S_0 处于第一层；S_2 处于第二层，是 S_0 的直接影响因素；S_1、S_6 处于第三层，S_4、S_5 处于第四层，是 S_0 的中间间接影响因素；S_3 处于最底层，是 S_4 和 S_5 的原因，也是深层根源因素，由此形成了一条具有逻辑关系的影响因素链，从而得到显著影响养殖户畜禽粪污市场化处理意愿与行为一致性因素间的关联与层次结构（见图 6-4）。

A	A	A	A	A	A	S_0
0	0	A	0	V	S_1	
A	A	A	A	S_2		
V	V	V	S_3			
0	0	S_4				
V	S_5					
S_6						

图 6－2　显著性影响因素间的逻辑关系

$$A = \begin{matrix} S_0 \\ S_1 \\ S_2 \\ S_3 \\ S_4 \\ S_5 \\ S_6 \end{matrix} \begin{pmatrix} 0 & 0 & 0 & 0 & 0 & 0 & 0 \\ 1 & 0 & 1 & 0 & 0 & 0 & 0 \\ 1 & 0 & 0 & 0 & 0 & 0 & 0 \\ 1 & 0 & 1 & 0 & 1 & 1 & 1 \\ 1 & 1 & 1 & 0 & 0 & 0 & 0 \\ 1 & 0 & 1 & 0 & 0 & 0 & 1 \\ 1 & 0 & 1 & 0 & 0 & 0 & 1 \end{pmatrix} \quad M = \begin{matrix} S_0 \\ S_2 \\ S_1 \\ S_6 \\ S_4 \\ S_5 \\ S_3 \end{matrix} \begin{pmatrix} 1 & 0 & 0 & 0 & 0 & 0 & 0 \\ 1 & 1 & 0 & 0 & 0 & 0 & 0 \\ 1 & 1 & 1 & 0 & 0 & 0 & 0 \\ 1 & 1 & 0 & 1 & 0 & 0 & 0 \\ 1 & 1 & 1 & 0 & 1 & 0 & 0 \\ 1 & 1 & 0 & 1 & 0 & 1 & 0 \\ 1 & 1 & 1 & 1 & 1 & 1 & 1 \end{pmatrix}$$

图 6－3　邻接矩阵 A 和排序后的可达矩阵 M

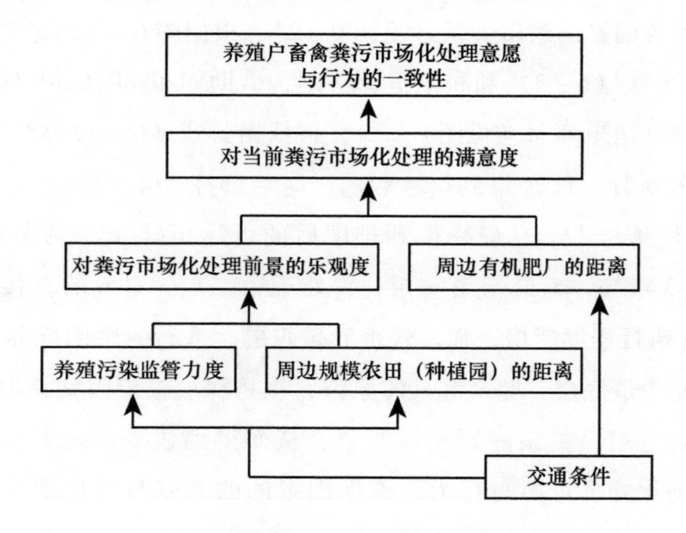

图 6－4　各影响因素间的关联与层次结构

绩效期望变量中粪污市场化处理前景的乐观度对养殖户畜禽粪污市场化处理意愿和行为一致性的影响。由表6－5可知，该变量回归系数为正，说明养殖户对废弃物利用前景越乐观，对畜禽粪污市场化利用的“感知价值”和“感知有用性”越高，其进行市场化处理意愿与行为一致性的概率就越高。对畜禽粪污资源化利用认知较低的养殖户，大多对畜禽粪污的价值和资源化利用方式等不太了解，对养殖畜禽粪污是否具有市场价值和可利用等持怀疑态度。尽管有对畜禽粪污市场化处理的意愿，但在实践中仍倾向采取传统的直接排放或堆肥还田的非市场化处理方式。说明绩效期望对其意愿与行为一致性具有显著的正向影响，验证假设H1。

努力期望变量中粪污市场化处理的满意度对养殖户畜禽粪污市场化处理意愿和行为一致性的影响。由表6－5可知，该变量回归系数为正，说明养殖户对当前粪污市场化处理的满意度越高，对畜禽粪污市场化利用的“感知易用性”越高，其进行市场化处理意愿与行为一致性的概率就越高，说明努力期望会显著正向影响其市场化处理意愿转化为行动的有效率，验证假设H2。此外，对当前粪污市场化处理的满意度是使其意愿转化为行动的最直接作用的影响因素，满意度还受对粪污市场化处理前景的乐观度、周边有机肥厂的距离两个因素的影响。

社会影响变量中的养殖污染监管力度对养殖户畜禽粪污市场化处理意愿和行为一致性的影响。由表6－5可知，该变量回归系数为正，通过1%统计水平的显著性检验。说明养殖污染监管力度显著正向影响养殖户对畜禽粪污市场化处理意愿转化为行动的有效率。当地养殖污染监管执行程度严格，强制规范养殖户的个人行为会引导养殖户了解畜禽粪污对当地生态环境、人体健康造成的影响及其可利用价值，进而清楚违规处理畜禽粪污的后果，则会一定程度上提高其对畜禽粪污市场化处理意愿与行为一致性的概率。说明社会影响对养殖户畜禽粪污市场化处理意愿与行为一致性具有显著正向影响，验证假设H3。

此外，由图6－4可知，养殖污染监管力度也是影响对粪污市场化处理前景的乐观度的直接原因。

促成条件变量中的交通条件、周边规模农田（种植园）的距离、周边有机肥厂的距离，对养殖户畜禽粪污市场化处理意愿和行为一致性的影响。由表6－5可知，交通条件回归系数为正，而周边规模农田（种植园）的距离和周边有机肥厂的距离的回归系数为负。说明养殖场距离周边规模农田（种植园）或机肥厂越近，养殖户畜禽粪污市场化处理意愿与行为一致性的概率反而越低，这是值得重点关注的地方。规模农田（种植园）和有机肥厂作为目前畜禽粪污市场化的最重要平台和场所，其服务半径直接影响养殖户对畜禽粪污的处理方式，从理论上看，服务半径越小，其意愿与行为一致性越高。但是，在实地调研中发现，若养殖场周边距离规模农田（种植园）和有机肥厂较远，或没有规模农田（种植园）和有机肥厂，养殖户将畜禽粪污无偿赠予或销售给农户（种植园）、有机肥厂等市场化处理意愿较低，实践中采取市场化处理行为的概率也低，故其对畜禽粪污市场化处理意愿与行为一致性的概率也高；相反，养殖场周边距离规模农田（种植园）或有机肥厂较近，养殖户无偿赠予或销售给农户（种植园）、有机肥厂等市场化处理意愿较高，但在实践中因多方面因素没有采取市场化处理行为，比如尽管距离市场化处理平台或场所不太远，但由于交通不便捷、没有专业的收集清运设施、不在合理的运输半径内、价格不合理等因素，养殖户依旧选择了传统的直接排放或自己堆肥还田，故其对畜禽粪污市场化处理意愿与行为一致性的概率更低。而交通便捷度高会缩短养殖场与周边农田（种植园）和有机肥厂的空间距离，当养殖户有对畜禽粪污市场化处理意愿时，交通便利会降低畜禽粪污的收集与运输成本。实地调研发现，当地对养殖污染的监管大多采取的是定期和不定期的考核，养殖户周边交通条件会在一定程度上影响当地监管部门对其养殖场的不定期监管频率；交通条件越好，通达度越高，会促使养殖户的粪污处理行为与其意愿保持一致，从而提高其对畜禽粪污市场化处理意愿与行为一致性的概率。综合前文来看，促成条件对养殖户畜禽粪污市场化处理意愿与行为一致性具有显著影响，但影响不一定都是正向的，故假设 H4 不完全成立。此外，由图 6－4 可知，交通条件是养殖户对畜禽粪污市场化处理意愿和行为一致性的深层根源影响因素，养殖场距离周边规模农田（种植园）、有机肥厂的距离会间接影响其市场化处理意愿转化为行动的有效率。

养殖户个体特征和养殖场特征变量中未有变量通过显著性检验，故假设 H5 和假设 H6 不成立。说明养殖户的个体特征和养殖场的特征对其参与畜禽粪污市场化处理的意愿和行为一致性的影响相对不显著，这也说明今后相关政策的制定与实行的普适性较强，受个体和养殖场特征的影响较小。

第五节　主要结论与启示

一　主要结论

实地调研发现，39.4% 的养殖户对畜禽粪污市场化处理意愿与行为不一致。基于山东、河南、四川三省 348 户养殖户调研数据，利用 UTAUT 理论分析框架，构建 logit-ISM 模型，分析了养殖户对畜禽粪污市场化处理意愿和行为一致性的影响因素及其层次结构。主要分析结论如下。

一是绩效期望、努力期望、社会影响对畜禽粪污市场化处理意愿和行为一致性具有显著的正向影响，促进条件具有显著影响，个体特征与养殖特征没有显著影响。说明今后相关政策的制定与实行的普适性较强，受个体和养殖场特征的影响较小。

二是养殖户对当前粪污市场化处理的满意度正向影响畜禽粪污市场化处理意愿和行为一致性，且是最直接的影响因素。满意度可极大提升意愿转化为行为的有效率，满意度还受对粪污市场化处理前景的乐观度、周边有机肥厂的距离两个因素的影响。若养殖户对畜禽粪污资源化前景不看好、对当地畜禽粪污资源化补贴力度有意见、对有机肥厂这类可进行市场化处理平台的服务半径不满意等，均会降低养殖户的满意度。

三是粪污市场化处理前景的乐观度、周边有机肥厂的距离是间接影响畜禽粪污市场化处理意愿和行为一致性的因素。对粪污市场化处理前景看好，会间接促使其选择市场化处理方式。有机肥厂作为畜禽粪污市场化的最重要平台和场所，其服务半径将影响养殖户对畜禽粪污的处理方式。距离有机肥厂越近，养殖户销售粪污的意愿越高，但交通不便捷、没有专业的收集清运设施、不在合理的运输半径内、价格不合理等因素导致其意愿转化为行动时受阻。

四是养殖污染监管力度、周边规模农田（种植园）的距离是间接影响畜禽粪污市场化处理意愿和行为一致性的因素，同时也是影响粪污市场化处理前景的乐观度的直接原因。当地相关部门对养殖污染监管力度大，会强制促使养殖户规范粪污的处理行为，促使养殖户提高对畜禽粪污市场化的行动力。距离周边规模农田（种植园）越近，养殖户无偿赠予或销售给农户、种植园等市场化处理意愿越高，但周边农田的消纳承载能力、种植业对肥料需求的季节峰值特征与粪污产出供给连续性特征的差异等因素导致其意愿转化为行动时受阻。

五是交通条件是正向影响畜禽粪污市场化处理意愿和行为一致性的深层根源因素。交通条件直接会影响养殖户与周边农田（种植园）和有机肥厂的空间距离，交通条件好的地区会提高粪污运输的通达度、降低畜禽粪污的收集与运输成本，同时影响当地对其养殖场的监管的频率。

二　政策启示

基于本章的研究结果，为促进养殖户对畜禽粪污资源化利用的行动，加快构建畜禽粪污资源化市场交易体系工作，提出如下政策建议。

（一）提高养殖户对畜禽粪污资源化利用的认知水平

当前大部分养殖户对畜禽粪污的市场化处理前景都不看好，主要是因为对畜禽粪污是否具有市场价值持怀疑态度，对畜禽粪污资源化利用方式不了解，相关知识储备不足导致其对畜禽粪污价值的认可度较低。可利用广播电视、手机网络、报刊和宣传栏、讲座培训等途径和方法，提高养殖户对畜禽粪污资源化利用方式、相关政策法律法规等方面的认知。

（二）建立畜禽粪污全覆盖的监管管理体系

基层调研发现，监管部门大多只针对规模化养殖场（户）。在国家的强制规定下，畜禽养殖大县和规模化养殖场已全面纳入监管管理体系，但是未被纳入畜禽粪污资源化利用整县推进项目的地区，因粪污治理资金缺口大、环保设施投入严重不足等，当地对中小规模的养殖场监管不严格，尤其是对散户，且对粪污排放没有实质性的惩罚，大多只是通知整改。众多的集约化家庭农场型的中小养殖场和小型散养户，在一定时期内仍然会作为重要的畜禽养殖方式存在，故畜禽粪污监管体系将中小规模的养殖场和小型散养户的粪污资源化利用纳入监管管理体系已迫在眉睫。

（三）构建畜禽粪污资源化利用的市场机制

积极构建畜禽粪污市场化运行机制，引进第三方运行管理部门。为减少畜禽粪污污染，使有市场化处理意愿的养殖户更多地采取市场化处理行为，应积极构建第三方运行管理部门，即第三方承担收集和资源化利用畜禽粪污的中介，以此破除养殖户因距离种植园、有机肥厂等市场化处理平台和场所较远而产生的阻碍。制定合理的市场化运作机制，明确养殖户、政府和第三方各自的责任。养殖户要明确畜禽养殖主体的责任，将畜禽粪污进行资源化处理，杜绝随意排放的行为；政府要做好准入和支持工作，对第三方运营设定准入门槛，支持第三方的运行管理工作；第三方管理部门在合理的运输半径内，对负责区域内有市场化处理意愿的养殖场（户）的畜禽粪污，每天进行收集和清运；同时，企业、政府和社区等部门均可对第三方运行管理部门进行监督。

（四）制定合理可行的激励政策，提高满意度

基层调研发现，采取市场化处理方式的养殖户中约60%的养殖户都愿意无偿赠予，合理的畜禽粪污市场交易价格和激励政策，可极大地提高养殖户参与意愿转化为行动的有效率和积极性。在对养殖户畜禽粪污资源化利用补偿调查中发出，80%的养殖户希望补贴由政府承担，其次由畜禽粪污收集方承担。对于补偿方式，57.4%的养殖户希望政府以现金补贴的形式提供，多为中小型养殖场的养殖户；27.9%的养殖户希望政府以粪污处理设备补贴形式提供，多为规模化养殖场养殖户。故各地政府或相关粪污收集处理部门应在衡量处理粪污成本的基础上，根据各地实际情况酌情确定畜禽粪污资源化处理的补偿标准、补偿方式、补偿周期、补偿额度等，在粪污收集环节、粪污存储与深度利用方面给予适当的补贴。对中小型养殖场养殖户侧重提升现金补贴力度，辅以恰当的财政补助。同时，各地政府可在用地政策、税收免征、粪污设备补贴等政策上激励大型畜禽养殖场在各地畜禽粪污资源化利用中发挥作用，使其承担当地中小型养殖场畜禽粪污资源化的责任。

第六节　本章小结

本章旨在研究如何提高市场主体参与农业废弃物资源化利用的意愿转化为行动的有效率，以畜禽养殖业为例，从两部分进行分析：一是要探究影响养殖户对畜禽粪污市场化处理意愿与行为的一致性因素；二是从已有的实践样本中探究对提高农业废弃物资源化利用率的经验

与启示。

基于对山东、河南、四川三省 348 户养殖户的问卷调查和访谈数据，运用 UTAUT 理论分析框架与 Logist-ISM 模型，对养殖户畜禽粪污市场化处理意愿与行为的一致性进行分析，结果表明：（1）绩效期望、努力期望、社会影响、促进条件对养殖户畜禽粪污市场化处理意愿和行为一致性均有显著影响，个体特征与养殖特征不具有显著影响。（2）对当前粪污市场化处理的满意度是显著正向影响养殖户畜禽粪污市场化处理意愿转化为行为的有效率的表层直接原因。（3）粪污市场化处理前景的乐观度、周边有机肥厂的距离是显著影响养殖户畜禽粪污市场化处理意愿和行为一致性的中层间接因素，也是影响对粪污市场化处理满意度的直接原因。（4）养殖污染监管力度、周边规模农田（种植园）的距离是显著影响养殖户畜禽粪污市场化处理意愿和行为一致性的中层间接因素，也是影响粪污市场化处理前景的乐观度的直接原因。（5）交通条件是显著正向影响养殖户畜禽粪污市场化处理意愿和行为一致性的深层根源因素。据此，为提升养殖户对畜禽粪污市场化处理意愿转化为行为的有效率，加快构建畜禽粪污资源化市场交易体系，提出如下政策建议：（1）利用广播电视、手机网络、报刊和宣传栏、讲座培训等途径和方法，提高养殖户对畜禽粪污资源化利用的认知水平。（2）建立畜禽粪污全覆盖的监管管理体系。（3）积极构建畜禽粪污市场化运行机制，引进第三方运行管理部门。（4）制定合理可行的激励政策，提高满意度。

第七章

国外农业废弃物资源化利用的经验与启示

农业废弃物资源化利用是当前农业可持续发展和绿色循环农业产业发展的重要组成部分，是构建生态文明、促进人与自然和谐的重要措施，其快速高效无害化、资源化利用已成为当下研究的重要课题。实现农业废弃物资源化利用，需要依据区域实际，因地制宜选择相关技术及模式。在推进过程中，国外发达国家探索出了适宜区域实际的模式，积累了一定的经验，对当前及未来中国农业废弃物资源化利用具有一定的启示。

第一节　国外农业废弃物资源化利用的方式

联合国于2016年提出的《2030年可持续发展议程》和中国2015年发布的《全国农业可持续发展规划（2015—2030年）》、2018年发布的《乡村振兴战略规划（2018—2022年）》等均明确指出要大力推进农业废弃物资源化利用，并将其作为重要的考核内容和评价指标。近年来，随着国际国内对农业可持续发展和绿色循环农业发展的重视，农业废弃物资源化利用研究日益深入，为充分了解目前国际上对农业废弃物资源化利用的现状及发展趋势，明确当前该领域研究的热点和趋势，需要对当前农业废弃物资源化利用领域的研究热点和发展态势进行客观分析和探讨，梳理国际上农业废弃物资源化利用的主要政策法规，深入探讨农业固体废物处理利用技术路径与模式，以期为指导中国农业废弃物资源化利用提供基础支撑和决策参考。

一　以秸秆为主的种植类废弃物资源化利用

以秸秆为主的种植类废弃物主要通过直接还田处理、微生物降解转化后肥料化或饲料化利用、热解转化为生物炭、秸秆类木质纤维素原料的材料化利用等方法实现资源化利用。由于化石资源的过度消耗和环境问题，木质纤维素生物质作为最丰富的可再生材料，被认为是生产生物材料、生化制品和生物能源的最佳候选材料。秸秆类木质纤维素原料的材料化利用是当前的研究热点。其中，选择性分离提取木质纤维素的不同组成，制备纳米纤维素材料或以木质素为原料合成其他材料等途径得到广泛的关注。Shen 等研究发现，木质纤维素组分的高效绿色分馏，极大地促进了木质纤维素的高价值利用和生物炼制的发展（Shen，Runcang，2021）。根据木质纤维素组分在植物细胞壁中的作用和结构，木质纤维素优先分馏可分为纤维素优先策略、半纤维素优先策略和木质素优先策略，实现木质纤维素中某组分的选择性解离和转化。Zhang 等利用稻壳内木质素和纤维素组分制备木质素衍生的分级多孔碳（LHPC）和纤维素—纸基分离器的综合绿色利用策略，为稻壳生物质的绿色利用开辟了一条新途径；同时，研究农业废弃物作为生物吸附剂去除重金属的适宜性也是当前的研究热点（Zhang et al.，2021）。自 20 世纪 90 年代以来，使用廉价有机材料吸附金属离子的替代方法越来越多地被发现，这些材料包括农业废料、工业废料粉、壳聚糖衍生物、甲壳素、真菌、细菌和藻类（Khokhar et al.，2015；Paduraru et al.，2015）。许多经济的农业废弃物生物吸附剂已被报道用于去除重金属，这要求最低限度的预处理，如清洗、干燥、研磨或轻微的酸或碱处理，避免了任何严重形式的物理或化学处理的需要（Lee，Choi，2018）。例如，一些学者将榴莲皮（Ngabura et al.，2018），香蕉皮、陈皮、猕猴桃皮（Al-Qahtani，2016），椰棕（Asim et al.，2020），硬果漆树果种子外壳（Moyo et al.，2015）的生物吸附能力和去除效率进行了探讨，并将这些质量与吸附等温线和动力学研究联系起来；还讨论了影响吸附的各种因素，如溶液的初始 pH 值、温度、接触时间、初始金属浓度、吸附剂用量和转速（Ebrahimi et al.，2015）。Imran-Shaukat 等为了调查各种农业废物作为生物吸附剂去除重金属的适宜性研究进展，利用几个 R 方案包对过去五年来的出版物进行了分析，统计比较分析了不同生物吸附剂来源的结果，以评价 11 种不同类型/成分的农业废物对 8 种重金属的吸附能力（Imran-Shaukat et al.，2021）。根据研究结果，农业废弃物具有从一般水介质中吸附重金属的潜力。然而，研究结果的差异表明，当利用不同类型的生物质作为吸附剂时，将生物质改造成富含碳的形式将是一个更好的选择。

二　以粪污为主的养殖废弃物资源化利用

以粪污为主的养殖废弃物主要的资源化利用方式为厌氧发酵产沼气或堆肥后进行还田处理。评估了昆虫粪污对甲烷生产的适宜性。研究结果证明，昆虫粪便所获得的生物甲烷潜力与更常用的厌氧消化基质类似：牛粪、水貂粪、禽粪、果蔬垃圾、黑麦、小麦和污水污泥也可以得到相似的结果，这表明它们的使用是合理的。证明了厌氧消化是昆虫粪污资源化的一种新方法。Sunilkumar 等综述了近年来堆肥技术的发展趋势和相关技术（Sunilkumar et al.，2018）。利用黑兵蝇幼虫是处理可生物降解垃圾的快速方法之一。研究发现利用黑兵蝇幼虫可以以最低的成本将可生物降解的废物转化为生物燃料和副产品。对黑兵蝇幼虫处理各种有机废物进行了深入的研究和探讨。同时对影响白蛉幼虫生长的因素进行了显著观察，并对白蛉的育种和利用专利进行了综合分析。评估了各种快速堆肥技术的潜力。由于畜禽粪污中含有重金属和抗生素等有害成分，通过不同的发酵添加剂或工艺控制进行无害化处理是其肥料化利用的前提，因此畜禽粪污的无害化处理是当前的研究热点之一。Fu 等研究了猪粪、牛粪及其肥料衍生氢碳化合物的基本特性、营养成分和形态、重金属含量，结果表明，猪粪/牛粪肥料衍生氢碳化合物为中性弱酸性，比其碱化肥料温和，施用于土壤时不会对土壤酸度有太大的改变（Fu et al.，2021）。高温制备的肥料衍生氢碳化合物由于灰分含量较高，具有较强的抗降解能力，有利于作为土壤修复剂进行固碳。此外，灰分含量较高的肥料衍生氢碳化合物还能补充植物生长所需的营养素。同时促进了肥料衍生氢碳化合物的固磷，进一步减少了营养损失，缓解了富营养化。肥料衍生氢碳化合物中大部分重金属含量仍达到生物炭基有机肥的标准，与肥料相比不会增加重金属的风险。总体而言，肥料衍生氢碳化合物作为一种营养充足、营养均衡、重金属污染风险有限的节能增值产品，具有宝贵的农业潜力。

第二节　国外农业废弃物资源化利用启示

一　加强国家顶层设计

中国关于畜禽养殖业污染防治的法律法规较少，现行的《畜禽养殖污染防治管理办法》《畜禽规模养殖污染防治条例》等多属于部门规章，在法律效力上不及国家层面的法律法规。在国家层面上，发达国家多数都制定了涉及畜禽养殖业污染防治的法律法规。建议中国政府相关部门将畜禽养殖业污染防治更多地纳入国家层面的法律法规中，使相关规定具有更高的法律效力，提高对畜禽养殖业污染防治的重视程度，以便更有力地指导地方政府、养殖企业等应对养殖业造成的环境问题。同时，国外经验表明，地方政府的畜禽养殖业污染防治政策应更为具体明确，操作性也更强。因此，要积极引导地方政府出台详细、可操作性强的相关实施细则，形成政府、研究机构、学者、养殖户等广泛参与的决策机制，充分反映各利益相关群体的合理诉求，才能提高政策的可操作性和执行效率。

二 大力发展生态循环农业

可以预见的是，生态循环农业在未来不仅仅是发达国家追寻的发展方式，更是中国传统农业向现代农业的升级，是解决当前中国农业生态问题的有效途径。生态循环农业，可以更好地解决废弃物资源化利用问题，特别是种养结合的生态农业模式更值得推广。但是目前来看，中国90%以上的农业园区仍以单一种植或单一养殖为主，很难实现种养结合的模式。这其中既有发展意识的欠缺，更多的是技术壁垒和制度障碍在短时间内难以实现突破。从发达国家的发展经验来看，其较多考虑了土地畜牧的需求，在发展种植业的同时，也关注到畜牧业的匹配，这样就能够很好地解决秸秆的出路和畜禽粪便的出路问题，在更大程度上节约生产成本，实现内部更好的循环。因此，中国农业资源化利用的可行路径即发展生态循环农业，要大力发展新型农业经营主体，推广更适宜不同区域、不同发展阶段的种养结合的生态循环农业。这不仅仅是农业废弃物资源化利用的需要，更是实现农业农村现代化，实现农业绿色发展、可持续发展的有效探索。

三 加强先进技术设备的研发

与国外发达国家相比，中国农业废弃物资源化利用存在较大的差距在于技术研发的落后，以及服务体系的相对缺失。从国外发达国家来看，农业废弃物资源化利用是由众多科研机构合力研发，并使之实现产业化，无论是秸秆资源化利用，还是畜禽粪污资源化利用，都能够有专业的技术研发团队和新型技术装备，因地制宜开发了适宜资源化利用的技术。因此，中国在推进农业废弃物资源化利用方面，一定要突破技术关卡，要在技术上做大文章、做深文章。只有研发适宜国内不同区域、不同产业的资源化利用手段，才能够彻底改变中国农业废弃物资源化利用技术落后、保存性差、收集效率低等现实问题。以秸秆资源化利用为例，要对秸秆来源做好分门别类的测算，要更加客观地评估秸秆资源化利用的程度以及市场需求程度，及时对接供需双方需求，达到市场最优配置。

在畜禽粪污处理方面，发达国家拥有先进的育种公司和技术经验，通过分子标记辅助选择技术实现了畜禽遗传改良，最终在源头上解决了资源化利用问题。因此，中国要继续加大科技研发力度，突破技术难关，强化知识产权意识，对标国外发达国家标准，实现创新。

四　尽快实现产业化及技术推广

秸秆综合利用的出路在于实现秸秆产业化，技术推广应用。只有实现了产业化，才能够使得农业废弃物资源化利用达到效率最大。国外发达国家的经验启示我们，推进秸秆还田或产业化，使之实现循环利用，既能够用来开发饲料、发电和沼气等新型能源，又能够实现秸秆综合利用多元化。但是目前来看，中国秸秆资源化利用水平不高，秸秆粗放利用、简单加工，既不能够实现其产业化，又对自然生态环境造成了巨大危害。特别是在秸秆资源化利用的技术、人员、资金等方面存在多方面先天不足的问题。因此，中国农业废弃物资源化利用，一定要实现技术突破，使之实现产业化经营，要尽快实现秸秆绿色应用，与农业生产经营、农业技术开发、农业装备制造等相关联，促使其标准化生产。同时，要加大人员培训力度，提高科技人员的科技水平，真正促进科技成果转化。

第三节　本章小结

从已有的实践样本中探究提高农业废弃物资源化利用率的经验与启示。(1) 畜牧业绿色转型发展需要依靠一系列技术因素的推动。(2) 畜牧业绿色发展的重点和模式选择要因地制宜。(3) 实施种养结合、农牧循环是实现畜牧业绿色发展的有效途径。(4) 粮改饲和草牧业发展在畜牧业转型升级和绿色发展中具有重要作用。(5) 政府要强化畜牧业的环保和资源化利用。

第八章

加快农业废弃物资源化利用的政策建议

前文对农业废弃物资源化利用现状和存在的主要问题、主要市场主体参与农业废弃物资源化的意愿及其影响因素以及意愿转化为行动率等方面的研究，为加快建设农业废弃物资源化利用政策研究奠定了基础。本章基于组织、制度、机制、技术、模式、法规等层面，提出加快农业废弃物资源化利用的政策建议。

第一节　加强顶层设计，为农业废弃物资源化利用绘制宏伟蓝图

生态优先、绿色发展已成为时代的主旋律，应加强党对农村生态环境治理工作的领导，推动治理体系和治理能力现代化。同时，农业绿色发展成为破解新时代社会主要矛盾的一个重要方面，农业废弃物资源化利用是农业绿色发展的实现路径。为此，各级党委和政府需要从战略上认识农业废弃物资源化利用的重要意义，并采取相应的措施。

一　全面认识农业废弃物资源化利用的意义

农业废弃物是伴随着农业生产过程产生的一种“放错了地方的宝

贵资源”，探索一条科学、合理的“变废为宝”的农业废弃物资源化利用方式，是缓解农业资源不足、减少环境污染的有效途径，也是推进农业绿色转型和可持续发展的需要。

（一）农业废弃物资源化利用是农业面源污染防治的有效选择

由于中国农业生产环节存在许多不合理的生产方式，既影响了农业的生产效益，也带来了严重的农业面源污染。例如，化肥农药的过度施用、秸秆的焚烧、畜禽粪污的排放、农用薄膜使用等，如果不采取有效措施，都会导致面源污染，降低农业生产环境质量，进而影响农产品质量。当前，农业废弃物呈现日益增长态势，并具有数量大、品种多、污染广等特征。为此，应将加强农业废弃物的资源化利用，作为农业面源污染防治攻坚战的重要手段，作为实现农业可持续发展的有效途径，作为改善农业环境质量、保障农产品质量的根本保障。

（二）农业废弃物资源化利用是改善农村生态环境的有力支撑

实现农业废弃物资源化利用，是加快补齐农村人居环境和公共服务短板的必然要求。当前，中国农村生态环境形势依旧比较严峻。人民日益增长的美好生活需要尚未得到满足，并且与经济社会发展不平衡不充分之间的矛盾日益突出。当前，农民生态环保意识欠缺，环境保护设施不够健全，工业转移导致环境污染等问题比较突出，尤其是长期以来形成的农村粗放式生活方式，加大了农村生态环境治理的难度。生活垃圾处理不彻底，生活污水难以找到有效解决方案，涉农环保配套资金缺乏等都是农村生态环境治理过程中需要面对的现实性问题。实现农业废弃物资源化利用，能够提高农民生态环境保护意识，转变农民生产和生活方式，从行为主体上为农村生态环境治理提供保障。既充分发挥了农民的主体地位，又有效缓解了农业废弃物对生态环境的压力。

（三）农业废弃物资源化利用是实现农业可持续发展的有效途径

习近平总书记强调，推进农业绿色发展是农业发展观的一场深刻革命，也是农业供给侧结构性改革的主攻方向。实现农业绿色转型发展是农业现代化的重要标志之一，同时也是实现农业可持续发展的重要保障。目前来看，摒弃“资源—产品—废弃物”的“单程式经济”，转而发展“资源—产品—废弃物—再生资源”的循环经济，已经逐渐成为世界各国共同关注的问题和目标。农业废弃物资源化将成为发展循环农业的核心环节，理应成为破解农业可持续发展困境的有效选择。为实现农业可持续发展，使农业成为推动国民经济的基础性产业，应更好地发挥农业对产业结构优化调整的作用，加大农业废弃物资源化利用，成为转变农业发展方式、实现绿色发展的有效途径。

二　科学绘制农业废弃物资源化利用的蓝图

农业废弃物资源化利用是一项重大的战略任务，也是一项长期任务，更是一项紧迫任务。应进一步加强顶层设计，加快农业废弃物资源化利用，推动农村生态振兴，实现农村生态环境治理体系和治理能力现代化。国家及相关部门出台了一系列的政策性措施，为农业废弃物资源互利用提供了指导，有力地推动了农业废弃物资源化利用的进程。但基于基层调研发现，当前针对农业废弃物资源化利用还缺乏一个科学的规划，不同区域农业功能不同，农业废弃物产生具有明显的地域差异性特点；同时，不同农业废弃物资源化利用的技术、模式等也具有差异性特点。为此，应科学制定区域化的农业废弃物资源化利用规划，以及与规划相配套的实施方案，对农业废弃物资源化的重点领域、路线图、时间表等进行顶层设计，为加快农业废弃物资源化利用指明方向，并提供具体行动的实施细则。

三　扎实健全农业废弃物资源化利用的组织

尽管农业废弃物资源化利用涉及的主体具有多元化特点，但它们都与基层组织具有紧密的联系。因此，基层组织应在农业废弃物资源化利用中发挥重要作用。基于此，应加强基础组织建设，为推动农业废弃物资源化利用提供保障。利用基层党组织这个纽带，充分发挥党员在农村生态环境整治过程中的引领示范作用，将党在环境保护中的理念、举措传达给农民，提高农民的环境保护意识；将农村人居环境整治、生态环境保护等内容与村规民约联系起来，利用村规民约调动农民的积极性，使其主动对农业废弃物进行资源化利用，进而成为农村环境保护与治理的主体。

第二节 推动机制创新，为农业废弃物资源化利用提供机制保障

要实现农业废弃物资源化利用，改善农业生产环境质量，推进农业绿色发展，需要推动相关机制创新，建立健全相应的长效机制。

一 建立企业的责任延伸机制

针对废弃农膜与农药包装物的回收及其资源化利用，可以通过多样化的环境责任形式使其成本最小化，比如自建回收利用体系或生产者付费、第三方回收等，将责任延伸到农业废弃物资源化利用链条中，继而针对各种市场主体设计相应的激励机制，加快农业废弃物资源化利用体系的完善与市场的顺畅运行。

二 创新生产主体的参与机制

当前，农户对农业废弃物资源化利用的认知和环境保护意识淡薄，对农业可持续发展和实现绿色转型认识程度不够，难以激发出废弃物资源化利用的自觉行为。为此，一是要引导农户参与农业废弃物资源化利用，加强农业废弃物资源化利用相关政策和试点方案的宣传，增加农户对相关内容的了解度。二是要监督生产经营主体按照适宜农业

绿色发展的相关标准，提升施肥用药的科学性，并严格执行禁限用规定和休药间隔期等制度，切实履行其安全责任。三是建立健全有效的参与机制。农业废弃物资源化利用是一个复杂的系统工程，涉及政府、企业、农民、科研人员等不同的利益主体，为此，明确界定不同利益主体作用的边界以及参与、协作的途径，进而建立起有效的参与机制，这是实现农业废弃物资源化利用取得成效的关键之一。

三　建立健全评估与监督机制

采取第三方参与模式，建立农业废弃物资源化利用的评估与监督机制，农业废弃物资源化利用是否取得了成效？农民对此是否满意？需要开展定期的评估，根据评估发现的问题，及时调整相关政策及措施，这也是调动农民参与农业废弃物资源化利用的前提。与此同时，农民作为主体之一，可以发挥其监督作用，更好地推动农业废弃物资源化利用。

四　建立健全干部监督考核机制

针对新发展阶段农村生态环境治理监管缺位问题，应尽快建立评估与监督机制，将农业废弃物资源化利用的相关内容纳入年度考核之中，逐渐形成多级管理体系，将考核绩效与奖惩、晋升等内容挂钩，以增强干部的责任感、使命感。与此同时，进一步细化考评内容和评分细则，制定《农业废弃物资源化利用考核办法》，不断健全监督考核机制。

第三节　构建市场体系，为农业废弃物资源化利用提供未来方向

要从根本上实现农业废弃物资源化利用，应充分发挥市场机制的

有效作用，尽快构建实现农业废弃物资源化利用的市场体系，这不仅是未来发展的方向，也是具体的实施路径。为此，应构建相应的运行机制。

一 构建农业废弃物资源化利用的市场运行机制

一是减少环境污染、提升生态承载力，应当作为管理第三方运行的基本原则。二是种养殖主体、政府和第三方需要各自承担责任和发挥作用。所有种养殖主体都应承担其废弃物处理和资源化利用的责任；政府的作用是需要对第三方运营设定准入门槛，可以采用登记方式，确保有效实施监管以达到减少环境污染的目标；社区的参与是可以协助第三方运行管理，比如第三方组织的畜禽废弃物发酵后的有机肥，优先满足社区土壤有机质需求。三是第三方运行管理部门，应把它纳入环境监管体系中。

二 建立农业废弃物资源化利用产品的运作机制

一是应建立资源化利用产品管理机制，在有机肥管理体系中，除考虑商品有机肥之外，也应考虑到基于畜禽养殖废弃物利用沤制的有机肥，并给予相应的政策支持。同样，在果蔬茶有机肥替代化肥行动中，也应采取同样的措施。二是完善资源化产品的销售市场，需进行深加工并建立产业链，并突破资源化利用的相关技术；同时，应根据不同地区的气候特点，因地制宜选择适宜的粪污处理技术，建立专业化商业模式。三是通过提高商品有机肥生产者准入门槛、加大商品有机肥中元素添加监管力度、加强对有机肥流通过程中的市场监管来完善资源化产品的监管机制。

三 推进农业废弃物资源化利用模式的产业链化

一是要引导和鼓励社会资本进入农业废弃物资源化利用市场，提高产业化水平和运营管理能力，探索生态循环农业模式，推行种植业标准化生产，推进“粮改饲”和种养结合等农牧循环模式，以此来推进农业资源化利用产业化进程。二是应着眼于农业废弃物资源化利用中存在的突出短板，在国家已经实施的相关政策措施的基础上，总结提升各类试点取得的经验，以更好地探索新型农业废弃物资源市场化运作模式，构建促进农业废弃物利用的有效机制，积极调动多方力量共同参与农业废弃物资源化利用，提高农业废弃物资源化利用率，以改善农业生产环境质量，为推动农业绿色发展提供保障。

四　加强农业废弃物资源化利用的政府引导监督

农业废弃物资源化利用的技术投入费用远远超过了广大农户的承受能力，而且收购缺乏管理，价格混乱，农户无利可图便缺乏参与积极性，因此，需要政府加大相关的补贴范围与扶持力度，完善激励补偿和监督惩罚机制。政府应通过各种媒体以及信息化手段对此进行宣传，提高养殖户对畜禽养殖废弃物导致的空气、土壤污染以及对健康危害性的认知和对畜禽粪污资源化利用方式、相关政策法律法规等方面的认知，引导农户参与农业废弃物资源化利用。企业方面，政府应通过减免税政策等财政金融政策，鼓励和引导企业投资，充分调动市场力量。

第四节　建立管理机制，为农业废弃物资源化产品提供市场出口

农业废弃物资源化产品能否得到有效利用，也是实现农业废弃物资源化利用中需要关注的重点。为此，应建立管理机制，为农业废弃物资源化产品提供出口。

一　建立资源化产品的管理机制

以作为资源化利用最重要的产品——有机肥为例。目前畜禽废弃物堆肥尚未纳入中国有机肥管理体系中和有机肥替代化肥的政策支持体系中。为此，应推动创新机制，尽快建立农业废弃物资源化利用产品的管理机制。

（一）有机肥管理体系的对象范围应有所拓展

在传统农业生产中，畜禽养殖等农业废弃物作为沤制有机肥的原料，一方面实现了畜禽废弃物的有效利用，减少了环境污染；另一方面沤制有机肥用于农业生产，有效地改善了土壤质量，提高了农产品质量。这也是中国循环型生态农业发展的主导模式之一。但是由于传统堆肥所需要的土地空间缺乏、时间周期长、发酵不充分等，不利于保持和改善土壤质量。在传统农业向现代农业转型过程中，其能效与化肥之间存在较大的差距，从而降低了畜禽废弃物堆肥纳入有机肥的可能性。

（二）有机肥替代化肥行动的对象范围应有所拓展

正如前文所阐述的，在传统农业生产过程中，畜禽养殖与种植业是紧密联系在一起的，彼此之间通过生态关系实现了二者之间的良性循环。当前，由于农村劳动力进城务工，农业方面的劳动力短缺，再加上对户养畜禽的严格限制，在农户层面上的畜禽粪污沤制有机肥失去可能。规模化养殖户层面上，利用畜禽养殖粪污沤制有机肥，与消纳畜禽养殖粪污的耕地一起，可以实现良性循环。为此，国家在推动果蔬茶有机肥替代化肥行动中，将沤制有机肥也纳入其中，以有效地推动有机肥的使用。

二　完善资源化产品的销售市场

以有机肥的销售市场为例。当前有机肥销售市场以商品有机肥为主，商品有机肥是备案登记制管理，根据规模不同在国家农业农村部和各省（自治区、直辖市）农业农村厅备案。商品有机肥呈现区域供给不平衡和政策力推下使用量增长的趋势，但商品有机肥生产潜力远不能满足需求量。据测算，中国商品化有机肥生产潜力为2.79亿吨，而全国农作物种植所需有机肥总量为4.95亿吨，商品有机肥存在严重的供求失衡。另外，全国许多区域的有机肥利用率不及60%，而且多为粗加工，存在运输不方便、使用效果不如化肥等问题。因此，需进行深加工并建立商品有机肥产业链，如针对不同施肥主体需求生产多种类型和标准的商品有机肥（园肥、花卉、农业、树木专用肥等），并突破资源化利用的相关技术。同时根据不同地区的特点采用不同的粪污处理技术，推广工厂化堆肥处理和商品化有机肥生产技术。

三　完善资源化产品的监管机制

同样以有机肥的市场监管为例，对有机肥市场的监管不到位或者监管薄弱，商品有机肥在生产和流通等环节都有可能会出现问题。当前，中国商品有机肥市场的监管尚处于探索阶段，迫切需要进一步建立和完善监管机制。

（一）提高商品有机肥生产者准入门槛

近年来，基于推动农业绿色发展的现实需求，国家采取一系列有效措施推动有机肥的使用。特别是，有机肥补贴力度的不断加大，再加上商品有机肥生产技术含量不高，两个因素叠加到一起，助推了有机肥生产企业的迅猛发展，呈现出急剧增加的态势。商品有机肥生产实践中，一方面缺乏统一的质量标准，另一方面缺乏规范的生产过程管理，从而导致一部分有机肥生产企业为降低成本，而采取一些不当行为，如在生产原料中添加食品、药品废渣或城市污泥等。从商品有机肥供应视角来看，这些行为导致市场上商品有机肥质量难以保证，而且给那些以畜禽粪便为主要原料的商品有机肥生产企业带来不正当竞争。从商品有机肥需求视角来看，农业生产主体在购买商品有机肥时，无法判断是否为真正的有机肥，为此，也只能依靠口口相传来选择商品有机肥。由此，必须提高商品有机肥生产企业的准入门槛，并建立统一的原料标准和生产过程管理规范。

（二）加大商品有机肥生产环节的监管力度

作为商品有机肥生产企业，在标准及规范还不完善的情况下，基于追求利润的考虑，往往会根据不同作物生长季节对元素的需求，直接添加相应的元素，以提高有机肥的肥效，更好地满足农业生产主体增加作物产量或者质量的愿望，从而达到扩大市场占有率、实现更高利润的目的。为此，应在完善标准的前提下，加大对商品有机肥生产企业的监管，确保商品有机肥生产企业行为的规范，真正发挥商品有机肥的生态效应。

（三）加强商品有机肥流通环节的市场监管

在难以确保商品有机肥质量的同时，由于缺乏有效的市场监管，商品有机肥生产企业在流通环节可能会虚报价格。当前，农资经销商作为商品有机肥的主要经营者，针对不同的商品有机肥生产企业，会选择利润空间大的商品有机肥作为重点推广对象，由此可能会导致肥效的虚假宣传，真正好的商品有机肥得不到有效推广。同时，相对较高的市场价格，农业生产主体可能会认为商品有机肥是“土壤奢侈品”，对此没有较高的消费意愿，从而降低了农业生产主体对商品有机肥的使用水平。

四　推进农业废弃物资源化进程

要引导和鼓励社会资本进入农业废弃物资源化利用市场，提高产业化水平和运营管理能力。通过选取有实力、有能力、有责任的企业，构建“政府＋企业＋农户”模式，形成利益共同体，实现利润共享、风险共担，促进农业废弃物资源化利用。将农业废弃物进行市场化处理，能够延长农业产业链条，推动农业废弃物资源化利用的产业化和规模化。

第五节　实施模式创新，为农业废弃物资源化利用提供实践路径

要实现农业废弃物资源化利用，迫切需要实施模式创新，从源头上减少废弃物的产生，这是解决问题的根本之策。为此，应从生产模式、标准化生产以及废物回收等方面进行模式创新。

一　实施循环型生态农业模式

改进种植业和养殖业发展方式，促进种养业循环发展。实施太阳能、沼气等清洁能源工程，通过生物技术，实现产气、积肥同步，种植与养殖结合，提高农业废弃物资源化利用效率。连通废弃物收储、加工与销售等环节，并对这些环节上的主体进行补偿和政策支持，提升生态循环产业价值。针对种植业废弃物收储环节，实施“谁收储、补偿谁”的原则；针对废弃物加工利用环节，实施“按量补贴”的制度；针对销售环节，落实即征即退的税收优惠政策。

二　全面推行农业标准化生产

人民日益增长的对生态农产品消费的需求，倒逼农业生产方式的转变，逐步实现绿色转型发展，以提高生态农产品的供给能力。为此，需要对农业生产环境进行有效改善，以提升农业生产环境系统的健康水平，为优质安全农产品生产提供坚实的保障。为此，需要制定农业生产环境标准、农业生产投入品标准、农业生产过程标准、农产品质量标准等，作为农业绿色发展的根本遵循和生产指南。为更好地实施农业生产的标准体系，政府需要进行系统的技术培训、产品的有效监

管，将标准真正落地，更好地为农业绿色发展提供保障。

三　因地制宜建立可回收机制

政府在健全农业废弃物回收机制的同时，应激励企业探讨农业废弃物资源化利用的途径，搭建农业废弃物资源化利用的大舞台，寻找农业废弃物资源化利用的“出口”，为此，可以以3—5个邻近的村为单位，设立固定的回收点；以县为单位，设立规模较大的回收基地，回收基地直接与加工饲料、基料、燃料、原料等的企业建立联系。政府还可以引导市场进入，由企业直接来回收。

第六节　完善支撑体系，为农业废弃物资源化利用提供有效支撑

一　强化技术研发，为农业废弃物资源化利用提供技术支撑

（一）开展不同区域农业废弃物资源化利用的技术研发

根据地区发展实际情况，有针对性地加强农业废弃物资源化处理新技术的研发，提高资源利用效率、突破资源化利用的相关技术。根据不同区域农作物秸秆资源化利用中存在的问题，开展有针对性的、区域适应性强的新技术、新方法的创新，特别是能促使农作物秸秆腐烂的微生物技术及产品的研究及开发，以便应用于高寒地区温度较低的区域，为提高不同区域农作物秸秆资源化利用率提供技术支撑。

（二）加强成熟农业废弃物资源化利用技术的推广利用

“十三五”时期，农作物秸秆、畜禽粪污等废弃物资源化形成了一些适应区域特点的可推广的技术模式，未来要加强推广应用绿色饲料添加剂和抗生素替代品，根据不同地区的特点采用不同的粪污处理技术，推广工厂化堆肥处理和商品化有机肥生产技术，提高畜禽废弃物资源化利用率，且终端处理后还要加大对土壤中的氮素的监测。

（三）开展农业废弃物资源化利用相关技术的有效集成

加大农业废弃物资源化利用的资金投入，联合科研院所和农业部门，针对不同农业废弃物特点，集成现有零散的利用技术，比如将商品有机肥、有机无机作物专用肥的推广与测土配方施肥技术有机统一，探索适应区域地型地貌、气候特点、产业现状、生产生活方式和市场需求等的资源化利用方式。

二 注重能力建设，为农业废弃物资源化利用提供智力保障

（一）注重专业知识学习，提升专业领导能力

基层政府在实现农业废弃物资源化利用中，承担着引导监督作用，不但需要基层政府及职能部门具有一定的管理领导能力，更需要一定的专业领导能力。因此，要承担起党对农村生态治理特别是农业废弃物资源化利用工作的领导，基层各级党委和政府以及各职能部门的主要领导需要注重自身业务能力、管理能力的建设，以满足新发展阶段农村生态环境治理的需要。

（二）注重专业人才培养，提升专业服务能力

当前，农业废弃物资源化管理已经纳入中央环保督察之中，逐渐引起了各级党委和政府的关注。在推动省级以下环保机构垂直管理制度改革中，最后“一公里”问题较为明显。为此，县级生态环境部门、农业农村部门应将专业人才培养、管理队伍、技术服务延伸到广大农村地区，在乡镇一级设立环保所，切实避免“看得见但无权管”以及“有权管但看不见”的尴尬局面。同时，应依据农业废弃物资源化利用的区域差异性，研究区域适宜性强的技术，培养农业废弃物资源化利用的技术人才，为农业废弃物资源化利用提供智力保障。

三 创新融资模式，为农业废弃物资源化利用提供资金保障

党的十八届三中全会指出，市场在资源配置中起决定性作用。因

此，应借助市场作用，引导多种主体参与到农村生态环境治理行动之中，为农业废弃物资源化利用提供资金保障。

（一）加大农业废弃物资源化利用的投资力度

增加种植业面源污染防治投入，政府应将这方面的经费列入地区财政预算，还可以列入年度目标责任考核，并进行绩效评价。针对化肥农药和农膜等一系列农资产品，坚决抵制劣质化学投入品进入市场，同时要加大绿色环保技术的研发和应用投入，加快推行测土配方精准施肥、高效植保机械、绿色防控等技术。设立专项基金，增加对有机肥、生物农药、农膜回收、秸秆资源化利用等方面的补偿。

（二）拓宽农业废弃物资源化利用的资金渠道

统筹安排土地出让收益、城乡建设用地增减挂钩节余指标有偿调剂使用所获土地增值收益，以及村庄整治增加耕地所获得的占补平衡指标收益，用于农村生态环境治理，特别是用于农业废弃物资源化利用。

（三）创新农业废弃物资源化利用的融资方式

拓宽农业废弃物资源化利用资金投入渠道，形成“政府投入为主，市场力量介入，农民支持为辅”的多元化融资机制，保障农业废弃物资源化利用的设备投入，以及农业废弃物资源化利用的技术研发，充分调动农户参与农业废弃物资源化利用的积极性。

第七节　完善保障体系，为农业废弃物资源化利用提供有效保障

一　完善制度体系，为农业废弃物资源化利用提供制度保障

（一）制定系统完善的制度体系及技术规范

一是加强制度体系建设，破解制度单一、零散的局面，为推动农业废弃物资源化利用提供制度保障。依据农村生态环境治理的重点领

域，整合零散分布在其他制度中的相关条款，为农业废弃物资源化利用制定系统、完整的制度。同时，制定相应的激励型、强制型、诱导型、协调型制度，并保持制度的连贯性，加强农村生态环境治理。二是依据不同区域农业废弃物资源化利用工作中的现实问题及困境，在相关技术标准及规范框架范围内，制定区域性的标准及规范，并建立与之相配套的监测、管理办法，提升技术模式的区域适宜性。

（二）制定并发挥经济制度的绩效作用

1．制定差异化生态补偿政策

其一，遵循“谁污染谁付费、谁受益谁补偿”的原则。界定农业废弃物资源化利用的治理和补偿对象，以便规范市场秩序。目前来看，农业废弃物资源化利用的补偿主体应以各级政府为主，补偿客体是家庭农场、合作社、龙头企业和种养殖业大户，补偿方式以资金补偿、政策补偿、技术补偿等为主。其二，针对不同地区、不同类型农业废弃物资源化利用，提出差异化的生态补偿政策，进一步完善相关配套制度。明确政府、企业、农户在农业废弃物资源化利用中的责任，将农作物资源化利用水平作为考核政府的重要指标，通过制定农业废弃物资源化利用的生态补偿标准，督促政府落实责任，形成长效的生态补偿机制。

2．制定合理的补贴标准

在制定农业废弃物资源化利用财政补贴标准时应考虑到政策受众的需求偏好和差异性，以便使环境规制政策更为有效。政府要为农业废弃物资源化创造好的经济条件，可以通过构建财政补贴机制，对农户农业废弃物资源化利用行为进行补贴激励，提高农户参与农业废弃物资源化利用的积极性，同时还可以减少农户的搭便车行为。当前畜禽养殖户认为近年来畜禽养殖环保政策实施非常到位，虽然畜禽废弃物资源化利用财政补贴力度相对不够，但也能够有效促使养殖户参与畜禽废弃物资源化利用行动。不过，现行畜禽养殖污染治理政策过严且较为死板，补贴政策激励程度不大，结构不合理，也一定程度上影响了养殖户参与畜禽废弃物资源化利用行动的积极性。因此，政府在制定畜禽养殖污染治理政策和财政补贴标准时应考虑到政策受众的需求偏好和差异性，以便使环境规制政策更为有效。

（三）制定养殖业的环保监管制度

环保压力下，政府通过一系列环保政策设置“禁养区”“限养区”等清退环保不达标的企业，分散生猪散养户加速退出，而专业化、规模化养殖户将凭借资金、技术优势迅速扩张，生猪养殖业规模化不断推进。统计数据显示，50头以下规模的分散养殖户数量逐年下降，而50—500头中等规模养殖户（场）2012年后开始小幅下降，大规模化养殖场数量增加。据统计，2014年中国规模化养殖厂（年出栏500头以上）生猪出栏占比42%，到2015年中国规模化养殖场生猪出栏占比44%，到2016年占比已接近一半。

将养殖业的环保监管制度归纳为以下几点。一是“禁”：在集中饮用水源保护区、风景名胜区等重点地区，包括一些教育、科技园区等划定禁养区；二是“限”：对南方一些水网密集、养殖量比较大的地区，承载力不够的地方禁限养；三是“转”：把生猪养殖向环保承载力容量较大的地区转移；四是“治”：采取生猪养殖、资源化利用等方式治理畜禽粪便、治理环境污染；五是“奖”：对养殖补贴遵循规模越大补贴越多的原则。

二　完善政策法规，为农业废弃物资源化利用提供政策保障

（一）完善农业废弃物资源化利用的管理制度

1. 完善有效的管理制度体系

在越来越严格的环保规制之下，在制定强制性制度的同时，也要制定约束型制度、激励型制度，通过它们彼此作用，协同发挥作用，推动农业废弃物的资源化利用。

2．建立有效的监督管理制度

统筹家庭养殖场和散养户养殖废弃物的监管，建立全覆盖的监督管理体系；根据废弃物种类的不同以及利用方式的不同，建立有效的分类管理制度，为实现农业废弃物资源化利用提供制度保障。

（二）制定农业废弃物资源化的激励措施

培育新型种植业、养殖业面源污染防治主体。基于现有条件，培育种植业面源污染防治服务组织，鼓励新型防治主体开展农膜回收利用、农作物秸秆回收加工；大型养殖企业将是废弃处理与资源化利用的主体，应采取相应的措施，激励大型畜禽养殖企业在各地废弃物资源化利用中发挥作用，使其承担当地中小型养殖场废弃物资源化的责任。

（三）建立健全农业废弃物资源化利用的法律法规

借鉴发达国家农业废弃物资源化利用的成功经验，针对不同区域、不同类型农业废弃物进行规范治理，应协调相关部门及时建立健全农业废弃物资源化利用的法律法规，厘清政府、企业、种植主体、养殖主体等各自应承担的责任以规范市场行为，使农业废弃物资源化利用做到有法可依。

三　培育经营主体，为农业废弃物资源化利用提供运营保障

（一）培育新型种植业和养殖业面源污染防治主体

1．培育新型种植业面源污染防治主体

近些年来，社会化服务组织得到了快速发展，在推动农业现代化进程中发挥了重要作用。它们与农民专业合作社一道，在有机肥推广、病虫害统防统治、废弃农膜回收利用、农作物秸秆资源化等方面，提供了有效的服务。新发展阶段，农业生产发生了新的变化，出现了新的特点，农业面源污染防治任务更加迫切、更加艰巨，需要在发挥上述组织作用的基础上，培育种植业面源污染防治的新型服务组织，并

注重发挥种粮大户、家庭农场和专业合作社等新型经营主体的示范作用。在水肥条件好的区域，可以推广“有机肥＋水肥一体化”模式，提高水肥利用效率。

2．培育新型养殖业面源污染防治主体

其一，要明确大型养殖企业将是废弃物处理与资源化利用的主体，从用地和税收免征等方面支持大型养殖企业承担起中小养殖场废弃物资源化的责任，在当地废弃物资源化利用中发挥重要作用。其二，要明确养殖场粪污第三方运营管理的阶段性、社区性、生态性特点。以有机肥生产企业作为第三方，专门以畜禽养殖企业的粪污为主要原料生产有机肥，这些养殖场可以节省粪污处理设施投资。通过第三方运营将分散在一定半径范围内的畜禽养殖废弃物，纳入有机肥生产的产业链中，在产业链尺度和区域尺度实现种养循环和资源化利用，以有效解决农业生产需肥的季节性与有机肥生产的连续性之间的矛盾。因此，第三方运营适于在特定时期内，以服务于减少环境污染和增加社区土壤有机质为目标，而不宜通过市场方式激励其数量的快速增加。

（二）提高农户对农业废弃物资源化利用的认知水平

提高养殖户对畜禽粪污资源化利用的认知水平。当前大部分养殖户对畜禽粪污的市场化处理前景不看好，主要是因为对畜禽粪污是否具有市场价值持怀疑态度，对畜禽粪污资源化利用方式不了解，相关知识储备不足导致其对畜禽粪污价值的认可度较低。鉴于当前畜禽养殖户对畜禽养殖水体污染的了解程度较高，而对畜禽养殖空气、水体污染和对人体健康危害的相关知识相对匮乏的情况，政府应通过广播电视、手机网络、报刊和宣传栏、讲座培训等途径和方法，提高养殖户对畜禽养殖空气、土壤污染和健康危害的认知和对畜禽粪污资源化利用方式、相关政策法律法规等方面的认知。

（三）提高农户参与废弃物资源化利用的意愿

其一，要引导农户参与农业废弃物资源化利用。环境质量改善、发展前景良好等非经济预期已成为农业废弃物资源化利用的新驱动力，要把握、利用好这一新驱动力，把农户的非经济预期变成现实，让农户在可期待的未来能看到非经济预期发挥作用，使农业废弃物资源化利用满足农民对美丽宜居乡村的期待。同时，加强农业废弃物资源化利用相关政策和试点方案的宣传，增加农户对相关内容的了解度，更好地引导农户参与农业废弃物资源化利用。

其二，在推进农业废弃物资源化利用中，政府、市场、农民的主体性地位都非常重要，三者是相辅相成、缺一不可的。未来应以市场回收机制为基础、政府扶持为依托，以农民合作社为主导，激发农户参与农业废弃物资源化利用的关键行为动机，通过回收利用机制和激励机制提高农户农业废弃物资源化利用的参与意愿，打造农业废弃物资源化产业链。

（四）提高农户参与资源化利用意愿转化为行动的有效率

农户是农业废弃物资源化利用的主体，充分调动其积极性是解决农业废弃物资源化利用的前提。只有激发其参与农业废弃物资源化利用的积极性，才能够有效推进工作进展。因此，要加大宣传力度，通过微信、微博等新媒体宣传农业废弃物对自然环境、对农业生产带来的负面影响，强调源头管理，强化其作为农业生产生活环境治理的主体意识。在激励措施上，通过出台相应的补贴政策，扩大农业废弃物资源化利用补贴范围，设立专项补贴资金，激发农民参与农业废弃物资源化利用的积极性，真正提高环境保护意识。

充分利用合作社平台。合作社作为乡村生态振兴中的一支重要力量，未来政府可以直接利用合作社这个平台建立农业废弃物资源化利用机制，或者牵线搭桥、引导市场进入，让市场这只看不见的手对农业废弃物资源进行配置；种植合作社可以统一售卖作物秸秆给加工饲料、基料、燃料、原料等的企业或秸秆经纪人，签订收购合同，实现农业生产废弃物的经济效益；同时合作社也要充分保障回收企业的利益，替企业考虑天气因素对秸秆回收的影响，避开阴雨天收割庄稼，通过双方达成一致的方式来谋取合作共赢。养殖合作社可以引入专业粪污处理厂，通过低价售卖畜禽粪污，实现畜禽养殖粪污由污染物向资源的转变，还可以以低价购买经过粪污处理后的有机肥料，留作自家用或者卖给种植户实现废弃物资源化的经济收益。另外，通过核心人物的示范和带动作用，鼓励农户积极参与农业废弃物资源化利用行动。

第八节　本章小结

本章从组织、制度、机制、技术、模式、市场、法规、人才等层面，提出加快农业废弃物资源化利用的对策建议。

首先，应加强顶层设计，从推动农业绿色发展，确保农产品质量安全的战略高度，全面认识农业废弃物资源化利用的重要意义；同时，加强基础组织建设，充分发挥基层党组织在农村生态环境治理中的主导作用；制定系统完善的制度体系及技术规范、差异化生态补偿政策和合理的补偿标准、养殖业的环保监管制度，为农业废弃物资源化利用提供制度保障；完善相关的管理制度、财政补贴制度、激励措施以及法律法规，为农业废弃物资源化利用提供政策保障。

其次，推动机制创新，建立企业的责任延伸机制，创新生产主体的参与机制，建立健全评估与监督机制、干部监督考核机制，为农业废弃物资源化利用提供机制保障；构建农业废弃物资源化利用的市场运行机制、相关产品的运作机制，构建农业废弃物资源化利用产业的完整链条，这将是农业废弃物资源化利用的方向；建立资源化产品的管理机制，完善资源化产品的销售市场和监管机制，为农业废弃物资源化产品提供市场出口；实施循环型生态农业模式，全面推行农业标准化生产，因地制宜建立可回收机制，为农业废弃物资源化利用提供实践路径。

再次，开展不同区域农业废弃物资源化利用的技术研发，因地制宜推广成熟技术并实施相关技术的有效集成，为农业废弃物资源化利用提供技术支撑；加大投资力度、拓宽资金渠道、创新融资方式，为农业废弃物资源化利用提供资金保障。

最后，培育新型种养业面源污染防治主体，提高农业生产主体对农业废弃物资源化利用的认知水平、参与意愿以及意愿转化为行为的有效率，为农业废弃物资源化利用提供运营保障。

第 九 章

研究结论与展望

第一节　研究结论

第一，农业废弃物资源化利用涉及经济学、管理学、行为学等多个学科，这些学科相互支撑、相互补充，为本书农业废弃物资源化利用市场体系构建的理论架构提供支撑与验证。可持续发展理论和农业农村绿色发展理论为农业废弃物资源化利用的研究提供指导方向。经济学中的循环经济理论、公共物品、外部性和激励理论则揭示了农业废弃物资源化利用的市场机制的建立基础，明确了农业废弃物具有资源利用价值；新公共管理理论为农业废弃物资源化利用市场机制的运行提供了管理方向；行为学中的农户行为理论、UTAUT 理论揭示了农业废弃物资源化利用中利益主体的作用关系、经济利益的价值取向及其处理行为选择方式。

第二，农业废弃物资源化是将畜禽粪污、病死畜禽、农作物秸秆、废旧农膜及废弃农药包装物等废弃物视为特殊形态的农业资源，通过各项措施与技术将其转化为能源以及投入品，最大限度地发挥废弃物的生态价值、经济价值和社会价值，并实现种植业与养殖业之间生态循环的过程。通过对研究背景和已有研究成果的梳理可知，加快构建农业废弃物资源化利用的原因是农业废弃物污染已成为农业面源污染的重要来源、国家高度重视农业废弃物资源化利用、提高农业废弃物资源化利用率是解决环境问题的重要途径；农业废弃物资源化利用的主要方式是能源化、肥料化、饲料化、复合材料加工化及其他方式；农业废弃物资源化利用技术主要包括干燥处理法、除臭法、焚烧法及综合处理法、秸秆的过腹还田肥料化、集储装备技术、微生物强化堆肥技术、干法厌氧发酵技术、纤维素乙醇生产技术、热解产气的能源化技术、畜禽粪便的沼气工程技术、植物纤维性废弃物的饲料化等；资源化利用实现途径包括多方面并衍生出多种模式，农作物秸秆、畜禽粪便等农业废弃物进行适当加工后可以转化为根瘤菌生产的培养基、食用菌生产基质、生物质能源、生物制氢的原材料以及肥料；为加快推进农业废弃物资源化利用，国家和相关政府出台了一系列政策法规，为实现畜牧业的转型升级和绿色发展提供了保障。同时，指出“畜禽养殖资源化利用”和“农业废弃物资源化利用途径探索”是农业废弃物资源化利用未来研究的两大方向。

第三，对农业废弃物资源化利用现状和特点的分析表明，一方面畜禽粪污的资源化利用呈现如下特征：畜禽养殖场户总数稳步下降，小散畜禽养殖户数量依然巨大，规模化企业养殖场稳步增加，集约化家庭农场养殖场呈现上升趋势；畜禽粪尿巨大的产生量给环境容量带来了挑战，肉牛、猪、家禽、奶牛四类动物的粪尿产生量占全部粪尿产生量的92.95%，且在不同区域呈现出不同的分布特点；畜禽粪污与土地消纳循环利用问题矛盾突出，亟须根据传统农家肥型、畜禽养殖场生态型和畜禽养殖场产业链集中型不同类型的资源化利用方式有针对性地提出解决对策。病死畜禽的无害化处理水平偏低，病死畜禽无害化处理依旧是畜禽养殖环境污染防治的短板。目前畜禽养殖废弃物面临三个突出难题：小散养殖户废弃物以自行处理为主，尚未纳入法律法规框架中；集约化家庭农场养殖场废弃物资源化难度大；畜禽养殖废弃物资源化受到中国生态承载力制约。

另一方面，种植业废弃物资源化利用呈现如下特征：目前农作物秸秆产生量存在过剩，其中玉米、稻谷和小麦产生的秸秆量占所有农作物的前三，华北农区、长江中下游农区和东北农区农作物秸秆产生量较大；农膜使用总量在不断上升，西北农区、西南农区和东北农区的农用塑料薄膜使用量在十年间增长速度最快。中国农业废弃物资源化利用处在起步阶段，利用率相对较低且较为粗放，农业废弃物资源化利用过程中普遍存在一些问题，已经严重阻碍了农业可持续发展和农业绿色转型。存在诸如废弃物产生总量不清，市场主体参与意愿不积极；经济激励缺乏，补偿机制不健全；资金扶持不够，资源化利用市场体系未形成；资源化利用技术滞后，保障体系未建立；运营机制欠缺，回收机制不足；法律规范欠缺，政策落实不到位等问题，已经严重阻碍了农业可持续发展和农业绿色转型。种植业废弃物资源化利用面临的主要困境就是农用残膜农药包装物回收利用技术和机制欠缺，导致回收率低下。因此，“十四五”时期农业废弃物资源化利用的目标就是要认真落实绿色发展精神，突破技术、机制、政策和市场等方面的困境，真正建立起农业废弃物资源化利用市场运行机制，重点任务是突破技术、市场、政策等层面的困境，完善资源化利用的机制。

第四，农户参与农业废弃物资源化利用的意愿研究表明：（1）农户农业废弃物资源化利用技能感知、成本感知、与回收渠道间的距离感知、回收渠道稳定性感知，均显著地影响其参与意愿；其中，农户农业废弃物资源化利用技能感知和回收渠道稳定性感知对其参与意愿具有显著的正向影响。（2）引导型环境规制政策对农户农业废弃物资源化利用前景感知与技能感知—参与意愿关系存在显著的正向调节效应。（3）约束型环境规制政策对农户农业废弃物回收利用重要性感知、回收渠道稳定性感知—参与意愿关系存在显著的正向调节效应。（4）激励型环境规制对农户农业废弃物资源化利用前景感知与技能感知、收益感知、回收渠道稳定性感知—参与意愿关系存在显著的正向调节效应，对与回收渠道间的距离感知—参与意愿关系存在显著的负向调节效应。建议加强技术培训、增设更多补贴款项、健全农业废弃物回收机制，提高农户参与意愿，充分发挥三种规制政策的互补作用，不断调整优化农业废弃物资源化利用政策，持续推进农业农村绿色发展。

第五，养殖户参与畜禽养殖废弃物资源化利用的意愿研究表明：(1) 在控制相关变量的基础上，养殖户畜禽养殖水体污染认知、畜禽养殖环保政策认知以及废弃物资源化利用财政补贴政策认知，对其参与意愿具有显著的正向影响。其中，废弃物资源化利用财政补贴政策认知对其参与意愿的影响最为显著。(2) 约束型环境规制政策和激励型环境规制政策对养殖户畜禽养殖水体污染认知—参与意愿关系、畜禽养殖环保政策认知—参与意愿关系和畜禽废弃物资源化利用财政补贴政策认知—参与意愿关系存在显著的正向调节效应。另外，约束型环境规制政策和激励型环境规制政策对养殖户废弃物空气、土壤污染和人体健康危害认知—参与意愿关系调节效应和对废弃物资源化利用前景认知—参与意愿关系的调节效应均不显著。建议政府在制定畜禽养殖污染治理政策和财政补贴标准时，应考虑到政策受众的需求偏好和差异性，以便使环境规制政策更为有效；同时，通过大众传媒、讲座培训等途径和方法提高养殖户对畜禽养殖空气、土壤污染和健康危害的认知。

第六，提高市场主体参与农业废弃物资源化利用的意愿转化为行动的有效率研究表明：(1) 绩效期望、努力期望、社会影响、促进条件对养殖户畜禽粪污市场化处理意愿和行为一致性均有显著影响，个体特征与养殖特征不具有显著性影响。(2) 对当前粪污市场化处理的满意度是显著正向影响养殖户畜禽粪污市场化处理意愿转化为行为的有效率的表层直接原因。(3) 粪污市场化处理前景的乐观度、周边有机肥厂的距离是显著影响养殖户畜禽粪污市场化处理意愿和行为一致性的中层间接因素，也是影响对粪污市场化处理满意度的直接原因。（4）养殖污染监管力度、周边规模农田（种植园）的距离是显著影响养殖户畜禽粪污市场化处理意愿和行为一致性的中层间接因素，也是影响粪污市场化处理前景的乐观度的直接原因。（5）交通条件是显著正向影响养殖户畜禽粪污市场化处理意愿和行为一致性的深层根源因素。

据此，为提升养殖户将畜禽粪污市场化处理意愿转化为行为的有效率，加快构建畜禽粪污资源化市场交易体系，提出如下政策建议：（1）利用广播电视、手机网络、报刊和宣传栏、讲座培训等途径和方法，提高养殖户对畜禽粪污资源化利用的认知水平。（2）建立畜禽粪污全覆盖的监管管理体系。（3）积极构建畜禽粪污市场化运行机制，引进第三方运行管理部门。（4）制定合理可行的激励政策，提高满意度。

第七，从已有的实践样本中探究提高农业废弃物资源化利用率的经验与启示。（1）畜牧业绿色转型发展需要依靠一系列技术因素的推动。（2）畜牧业绿色发展的重点和模式选择要因地制宜。（3）实施种养结合、农牧循环是实现畜牧业绿色发展的有效途径。（4）粮改饲和草牧业发展在畜牧业转型升级和绿色发展中具有重要作用。（5）政府要强化畜牧业的环保和资源化利用。

第八，从组织、制度、机制、技术、模式、市场、法规、人才等层面，提出加快农业废弃物资源化利用的政策建议。（1）加强顶层设计，需要各级党委和政府从战略上认识农业废弃物资源化利用的重要意义，同时加强基础组织建设，充分发挥基层党组织在农村生态环境治理中的主导作用。（2）推动机制创新，建立企业的责任延伸机制，创新生产主体的参与机制，建立健全评估与监督机制、干部监督考核机制，为农业废弃物资源化利用提供机制保障。（3）构建农业废弃物资源化利用的市场运行机制、相关产品的运作机制，推进利用模式的产业链化，为农业废弃物资源化利用提供未来方向。(4) 建立资源化产品的管理机制，完善资源化产品的销售市场和监管机制，为农业废弃物资源化产品提供市场出口。(5) 实施循环型生态农业模式，全面推行农业标准化生产，因地制宜建立可回收机制，为农业废弃物资源化利用提供实践路径。(6) 开展不同区域农业废弃物资源化利用的技术研发、加强成熟技术的推广利用与有效集成，为农业废弃物资源化利用提供技术支撑。(7) 注重专业知识学习与专业人才培养，为农业废弃物资源化利用提供智力保障。(8) 加大投资力度、拓宽资金渠道、创新融资方式，为农业废弃物资源化利用提供资金保障。(9) 制定系统完善的制度体系及技术规范、差异化生态补偿政策和合理的补偿标准、养殖业的环保监管制度，为农业废弃物资源化利用提供制度保障。(10) 完善相关的管理制度、财政补贴制度、激励措施以及法律法规，为农业废弃物资源化利用提供政策保障。此外，培育新型种养业面源污染防治主体，提高农户对农业废弃物资源化利用的认知水平、参与意愿以及意愿转化为行为的有效率，为农业废弃物资源化利用提供运营保障。

第二节 研究展望

通过对中国农业废弃物资源化利用研究结果的分析，笔者认为未来中国农业废弃物资源化利用研究有以下重点和需要突破的方向。

一 与生态系统服务权衡相关联

农业废弃物资源化因其公共物品属性和外部性特征，其具有生态系统服务功能。开展农业废弃物资源化的生态系统服务权衡工作，有助于更加明晰核心利益相关方，同时可以为价值评估标准确定、生态补偿工作开展提供科学依据与参考。

二　与农业生态补偿相关联

目前中国农业废弃物资源化利用处于产业形态初步形成阶段，需要政府发挥其购买公共物品服务的职能，对农业废弃物资源化工作中的养殖、种植、有机肥、能源等业态客体开展农业生态补偿工作，积极推动农业废弃物资源化利用工作向前发展。

三　与市场体系构建相关联

逐步构建中国农业废弃物资源化市场交易体系，打造农业废弃物资源化全产业链，推动畜禽养殖废弃物全量资源化利用。现阶段，由于种养分离的现实情况，应在延伸农业废弃物资源化利用的产业链条上下功夫，不断向上下游拓展，推动农牧结合、种养结合，开展全量资源化利用工作，构建全产业链条中的各方合作机制。同时，政府应通过政策引导，推动农业废弃物资源化市场交易体系形成与发展，将政府引导与市场化运行相结合，促使全国农业废弃物资源化利用更可持续地发展。

参考文献

一　中文文献

安宁，2018，《畜禽粪污资源化利用环境价值评估的研究进展》，《黑龙江农业科学》第8期。

包维卿等，2018，《中国畜禽粪便资源量评估的排泄系数取值》，《中国农业大学学报》第5期。

毕于运等，2010，《中国秸秆资源综合利用的系统构成及总体趋势》，《中国农业资源与区划》第4期。

宾幕容、周发明，2015，《农户畜禽养殖污染治理的投入意愿及其影响因素——基于湖南省388家养殖户的调查》，《湖南农业大学学报》（社会科学版）第3期。

宾幕容等，2017，《湖区农户畜禽养殖废弃物资源化利用意愿和行为分析——以洞庭湖生态经济区为例》，《经济地理》第9期。

蔡荣等，2019，《加入合作社促进了家庭农场选择环境友好型生产方式吗——以化肥、农药减量施用为例》，《中国农村观察》第1期。

蔡守秋，2015，《法治视野下健全农村环境治理的路径思考》，《环境保护》第17期。

蔡银莺等，2010，《不同群体对基本农田保护的认知及意愿分析——以武汉市为例》，《华中农业大学学报》（社会科学版）第4期。

车宗贤等，2018，《甘肃省有机肥和化肥生产利用现状及对策》，《甘肃农业科技》第10期。
陈锡文，2002，《环境问题与中国农村发展》，《管理世界》第1期。
陈智远等，2010，《农业废弃物资源化利用技术的应用进展》，《中国人口·资源与环境》第12期。
崔明等，2008，《中国主要农作物秸秆资源能源化利用分析评价》，《农业工程学报》第12期。
丁焕峰、孙小哲，2017，《禁烧政策真的有效吗——基于农户与政府秸秆露天焚烧问题的演化博弈分析》，《农业技术经济》第10期。
杜焱强等，2016，《社会资本视阈下的农村环境治理研究——以欠发达地区J村养殖污染为个案》，《公共管理学报》第4期。
傅京燕，2009，《产业特征、环境规制与大气污染排放的实证研究——以广东省制造业为例》，《中国人口·资源与环境》第2期。
傅新红、宋汶庭，2010，《农户生物农药购买意愿及购买行为的影响因素分析——以四川省为例》，《农业技术经济》第6期。
高杨等，2016，《农户有机农业采纳时机影响因素研究——以山东省325个菜农为例》，《华中农业大学学报》（社会科学版）第1期。
耿维等，2013，《中国区域畜禽粪便能源潜力及总量控制研究》，《农业工程学报》第1期。
郭利京、赵瑾，2014，《农户亲环境行为的影响机制及政策干预——以秸秆处理行为为例》，《农业经济问题》第12期。
国辉等，2013，《牛粪便资源化利用的研究进展》，《环境科学与技术》第5期。
韩东林，2007，《转型时期中国农业投资主体的投资行为研究》，经济科学出版社。
韩鲁佳等，2002，《中国农作物秸秆资源及其利用现状》，《农业工程学报》第3期。
何可，2016，《农业废弃物资源化的价值评估及其生态补偿机制研究》，博士学位论文，华中农业大学。
何可，2016，《农业废弃物资源化的价值评估及其生态补偿机制研究》，华中农业大学出版社。
何可、张俊飚，2013，《基于农户 WTA 的农业废弃物资源化补偿标准研究——以湖北省为例》，《中国农村观察》第 5 期。
何可、张俊飚，2014，《农业废弃物资源化的生态价值：基于新生代农民与上一代农民支付意愿的比较分析》，《中国农村经济》第 5 期。
何可等，2013，《农业废弃物资源化生态补偿支付意愿的影响因素及其差异性分析——基于湖北省农户调查的实证研究》，《资源科学》第 3 期。
何可等，2013，《生物质资源减碳化利用需求及影响机理实证研究——基于 SEM 模型分析方法和 TAM 理论分析框架》，《资源科学》第 8 期。
何可等，2014，《农业废弃物基质化管理创新的扩散困境—基于自我雇佣型女性农民视角的实证分析》，《华中农业大学学报》（社会科学版）第 4 期。
何可等，2015，《人际信任、制度信任与农民环境治理参与意愿——以农业废弃物资源化为例》，《管理世界》第 5 期。
何可等，2019，《中国 1992—2016 年农业废弃物管理研究——热点识别、路径演进与前沿探究》，《生态学报》第 9 期。
何蒲明、魏君英，2003，《试论农户经营行为对农业可持续发展的影响》，《农业技术经济》第 2 期。
何永达，2009，《制造业发展循环经济激励机制研究》，《工业技术经济》第 10 期。
侯国庆，2017，《环境规制视角下的农户蛋鸡养殖适度规模研究》，博士学位论文，中国农业大学。

胡平波，2018，《支持合作社生态化建设的区域生态农业创新体系构建研究》，《农业经济问题》第12期。

胡曾曾等，2019，《畜禽粪污资源化利用研究进展》，《生态经济》第8期。

黄美玲等，2017，《湖北省畜禽养殖污染现状及总量控制》，《长江流域资源与环境》第2期。

黄勤等，2015，《中国推进生态文明建设的研究进展》，《中国人口·资源与环境》第2期。

黄炜虹等，2017，《农户从事生态循环农业意愿与行为的决定：市场收益还是政策激励》，《中国人口·资源与环境》第8期。

黄炎忠、罗小锋，2018，《既吃又卖：稻农的生物农药施用行为差异分析》，《中国农村经济》第7期。

黄炎忠等，2018，《农户认知、外部环境与绿色农业生产意愿——基于湖北省632个农户调研数据》，《长江流域资源与环境》第3期。

贾秀飞、叶鸿蔚，2016，《秸秆焚烧污染治理的政策工具选择——基于公共政策学、经济学维度的分析》，《干旱区资源与环境》第1期。

贾玉等，2008，《2006年陕西省农业废弃物存量估算》，《安徽农业科学》第32期。

姜海等，2015，《不同类型地区畜禽养殖废弃物资源化利用管理模式选择——以江苏省太湖地区为例》，《资源科学》第12期。

姜海等，2016，《基于效果—效率—适应性的养殖废弃物资源化利用管理模式评价框架构建及初步应用》，《长江流域资源与环境》第10期。

姜海等，2018，《我国畜禽养殖污染多中心治理典型案例与优化路径》，《江苏农业科学》第2期。

姜茜等，2018，《我国畜禽粪便资源化利用潜力分析及对策研究——

基于商品有机肥利用角度》，《华中农业大学学报》（社会科学版）第4期。
蒋琳莉等，2014，《农业生产性废弃物资源处理方式及其影响因素分析——来自湖北省的调查数据》，《资源科学》第9期。
蒋松竹等，2013，《畜禽养殖污染防治的法律体系现状及思考》，《环境污染与防治》第10期。
金书秦、邢晓旭，2018，《农业面源污染的趋势研判、政策评述和对策建议》，《中国农业科学》第3期。
金书秦等，2013，《论农业面源污染的产生和应对》，《农业经济问题》第11期。
金书秦等，2018，《中国畜禽养殖污染防治政策评估》，《农业经济问题》第3期。
孔凡斌等，2016，《养殖户畜禽粪便无害化处理意愿及影响因素研究——基于5省754户生猪养殖户的调查数据》，《农林经济管理学报》第4期。
李傲群、李学婷，2019，《基于计划行为理论的农户农业废弃物循环利用意愿与行为研究——以农作物秸秆循环利用为例》，《干旱区资源与环境》第12期。
李飞、董锁成，2011，《西部地区畜禽养殖污染负荷与资源化路径研究》，《资源科学》第11期。
李国志，2018，《农户秸秆还田的受偿意愿及影响因素研究——基于黑龙江省806个农户调研数据》，《干旱区资源与环境》第6期。
李昊等，2018，《农户农业环境保护为何高意愿低行为？——公平性感知视角新解》，《华中农业大学学报》（社会科学版）第2期。
李金祥，2018，《畜禽养殖废弃物处理及资源化利用模式创新研究》，《农产品质量与安全》第1期。
李鹏，2014，《农业废弃物循环利用的绩效评价及产业发展机制研究》，博士学位论文，华中农业大学。

李鹏等，2012，《农业生产废弃物循环利用的产业联动绩效及影响因素的实证研究——以废弃物基质化产业为例》，《中国农村经济》第11期。

李鹏等，2014，《农业废弃物循环利用参与主体的合作博弈及协同创新绩效研究——基于DEA-HR模型的16省份农业废弃物基质化数据验证》，《管理世界》第1期。

李谦盛等，2002，《利用工农业有机废弃物生产优质无土栽培基质》，《自然资源学报》第4期。

李乾、王玉斌，2018，《畜禽养殖废弃物资源化利用中政府行为选择——激励抑或惩罚》，《农村经济》第9期。

李庆康等，2000，《我国集约化畜禽养殖场粪便处理利用现状及展望》，《农业环境保护》第4期。

李冉等，2015，《畜禽养殖污染防治的环境政策工具选择及运用》，《农村经济》第6期。

李文哲等，2013，《畜禽养殖废弃物资源化利用技术发展分析》，《农业机械学报》第5期。

李祥妹等，2016，《农户棉花秸秆出售行为影响因素研究——以河北省邢台市威县为例》，《华中农业大学学报》（社会科学版）第6期。

李雪娇、何爱平，2016，《绿色发展的制约因素及其路径拿捏》，《改革》第6期。

李宗正，1996，《西方农业经济思想》，中国物资出版社。

廖青等，2013，《畜禽粪便资源化利用研究进展》，《南方农业学报》第2期。

刘超等，2018，《典型畜禽粪便配伍食用菌菌渣堆肥研究》，《中国农学通报》第21期。

刘冬梅、管宏杰，2008，《美、日农业面源污染防治立法及对中国的启示与借鉴》，《世界农业》第4期。
刘同山，2017，《农民合作社的幸福效应：基于ESR模型的计量分析》，《中国农村观察》第4期。
刘雪芬等，2013，《畜禽养殖户生态认知及行为决策研究——基于山东、安徽等6省养殖户的实地调研》，《中国人口·资源与环境》第10期。
刘永岗等，2018，《畜禽养殖废弃物资源化利用模式浅析》，《中国沼气》第4期。
刘铮、周静，2018，《信息能力、环境风险感知与养殖户亲环境行为采纳——基于辽宁省肉鸡养殖户的实证检验》，《农业技术经济》第10期。
刘忠、段增强，2010，《中国主要农区畜禽粪尿资源分布及其环境负荷》，《资源科学》第5期。
鲁传一，2004，《资源与环境经济学》，清华大学出版社。
吕杰等，2015，《基于农户视角的秸秆处置行为实证分析——以辽宁省为例》，《农业技术经济》第4期。
吕忠梅，2014，《美丽乡村建设视域下的环境法思考》，《华中农业大学学报》（社会科学版）第2期。
马骥、秦富，2009，《秸秆禁烧政府监管模式及其效果比较——基于农户与政府博弈关系的分析》，《中国农业大学学报》第4期。
孟祥海等，2018，《环保新政与畜禽规模养殖绿色化转型》，《江苏农业科学》第18期。
孟祥海等，2018，《区域种养平衡估算与养殖场种养结合意愿影响因素分析：基于江苏省的实证研究》，《生态与农村环境学报》第2期。
闵继胜，2016，《改革开放以来农村环境治理的变迁》，《改革》第3期。
潘丹、孔凡斌，2015，《养殖户环境友好型畜禽粪便处理方式选择行为分析——以生猪养殖为例》,《中国农村经济》第 9 期。
潘丹、孔凡斌,2018,《基于扎根理论的畜禽养殖废弃物循环利用分析:农户行为与政策干预路径》,《江西财经大学学报》第 3 期。
潘劲,2014,《农民合作社参与社区治理》,《中国农民合作社》第 7 期。
庞燕、鄢小蓝,2010,《循环经济下农业废弃物物流模式的构建与实施——以农作物秸秆资源回收利用为例》,《系统工程》第 11 期。
彭小霞,2016,《我国农村生态环境治理的社区参与机制探析》,《理论月刊》第 11 期。
全世文、刘媛媛,2017,《农业废弃物资源化利用:补偿方式会影响补偿标准吗?》,《中国农村经济》第 4 期。
仇焕广等,2012,《我国专业畜禽养殖的污染排放与治理对策分析——基于五省调查的实证研究》,《农业技术经济》第 5 期。
饶静,张燕琴,2018,《从规模到类型:生猪养殖污染治理和资源化利用研究——以河北 LP 县为例》,《农业经济问题》第 4 期。
任晓冬等,2018,《农民专业合作社的功能实现,经验总结与政策启示——基于贵州省纳雍县九黎凤苎麻合作社的个案分析》,《农村经济》第 5 期。
沈满洪,2018,《习近平生态文明思想的萌发与升华》,《中国人口·资源与环境》第 9 期。
沈玉君等,2013,《农业废弃物资源化利用工程模式构建》,《农业工程学报》第 11 期。
舒畅等,2017,《畜禽养殖废弃物资源化的纵向关系选择研究——基于北京市养殖场户视角》,《资源科学》第 7 期。
司瑞石等,2018,《病死畜禽废弃物资源化利用研究——基于中外立法脉络的视角》,《资源科学》第 12 期。
司瑞石等,2019,《环境规制对养殖户废弃物资源化处理行为的影响研究——基于拓展决策实验分析法的实证》，《干旱区资源与环境》第9期。
宋成军等，2011，《农业废弃物资源化利用技术综合评价指标体系与方法》，《农业工程学报》第11期。
宋大平等，2012，《安徽省畜禽粪便污染耕地、水体现状及其风险评价》，《环境科学》第1期。
孙超等，2017，《畜禽粪便资源现状及替代化肥潜力研究：以安徽省固镇县为例》，《生态与农村环境学报》第4期。
孙若梅，2014，《畜禽粪污管理的生态经济研究》，《生态经济》第12期。
孙若梅，2017，《畜禽养殖业生态补偿的研究——以山东省烟台市为例》，《生态经济》第3期。
孙若梅，2018，《畜禽养殖废弃物资源化的困境与对策》，《社会科学家》第2期。
孙永明等，2005，《中国农业废弃物资源化现状与发展战略》，《农业工程学报》第8期。
孙振钧、孙永明，2006，《我国农业废弃物资源化与农村生物质能源利用的现状与发展》，《中国农业科技导报》第1期。
孙智君，2008，《基于农业废弃物资源化利用的农业循环经济发展模式探讨》，《生态经济》（学术版）第1期。
覃诚等，2018，《美国农业焚烧管理对中国秸秆禁烧管理的启示》，《资源科学》第12期。
唐丹、黄森慰，2017，《农户畜禽粪便资源化利用意愿及影响因素的实证分析》，《家畜生态学报》第11期。
唐宗焜，2007，《合作社功能和社会主义市场经济》，《经济研究》第12期。
田波、王雅鹏，2014，《农户秸秆资源化利用意愿及其驱动因素研究——以武汉市与长沙市为例》，《农村经济》第 9 期。
王桂霞、杨义风，2017，《生猪养殖户粪污资源化利用及其影响因素分析——基于吉林省的调查和养殖规模比较视角》，《湖南农业大学学报》（社会科学版）第 3 期。
王欢等，2019，《养殖户参与标准化养殖场建设的意愿及其影响因素——基于四省（市）生猪养殖户的调查数据》，《中国农村观察》第 4 期。
王吉平等，2021，《基于文献计量学的农业废弃物资源化利用研究现状及态势分析》，《湖南生态科学学报》第 8 期。
王建华等，2016，《政策认知对生猪养殖户病死猪不当处理行为风险的影响分析》，《中国农村经济》第 5 期。
王建华等，2019，《养殖户畜禽粪污资源化处理方式及影响因素研究》，《中国人口·资源与环境》第 5 期。
王建明，2013，《资源节约意识对资源节约行为的影响——中国文化背景下一个交互效应和调节效应模型》，《管理世界》第 8 期。
王忙生等，2018，《丹江上游商洛市畜禽粪便排放量与耕地污染负荷分析》，《中国生态农业学报》第 12 期。
王舒娟，2014，《小麦秸秆还田的农户支付意愿分析——基于江苏省农户的调查数据》，《中国农村经济》第 5 期。
王树义、刘琳，2015，《论我国农村环境保护之法治保障——以立法保护为重点》，《环境保护》第 21 期。
王晓莉等，2017，《破窗效应之“破”——基于小农户生猪粪污治理技术使用态度的考察》，《黑龙江畜牧兽医》第 18 期。
王亚静等，2010，《中国秸秆资源可收集利用量及其适宜性评价》，《中国农业科学》第 9 期。
王颜齐、郭翔宇，2018，《种植户农业雇佣生产行为选择及其影响效应分析——基于黑龙江和内蒙古大豆种植户的面板数据》，《中国农村经济》第 4 期。

韦佳培、刘源源，2014，《我国资源性农业废弃物价值的时空分异》，《求索》第6期。

魏佳容，2019，《减量化与资源化：农业废弃物法律调整路径研究》，《华中农业大学学报》（社会科学版）第1期。

温铁军、杨帅，2012，《中国农村社会结构变化背景下的乡村治理与农村发展》，《理论探讨》第6期。

文春波等，2018，《农业秸秆资源化利用现状与评价》，《生态经济》第2期。

吴萌等，2016，《分布式认知理论框架下农户土地转出意愿影响因素研究——基于SEM模型的武汉城市圈典型地区实证分析》，《中国人口·资源与环境》第9期。

吴惟予、肖萍，2015，《契约管理：中国农村环境治理的有效模式》，《农村经济》第4期。

肖萍、朱国华，2014，《农村环境污染治理模式的选择与治理体系的构建》，《南昌大学学报》（人文社会科学版）第4期。

谢光辉等，2018，《中国畜禽粪便资源研究现状述评》，《中国农业大学学报》第4期。

谢光辉等，2019，《废弃生物质的定义、分类及资源量研究述评》，《中国农业大学学报》第8期。

谢中起、缴爱超，2013，《以社区为基础的农村环境治理模式析要》，《生态经济》第7期。

宣梦等，2018，《我国规模化畜禽养殖粪污资源化利用分析》，《农业资源与环境学报》第2期。

颜廷武等，2016，《农民对作物秸秆资源化利用的福利响应分析——以湖北省为例》，《农业技术经济》第4期。

颜廷武等，2016，《社会资本对农民环保投资意愿的影响分析——来自湖北农村农业废弃物资源化的实证研究》，《中国人口·资源与环境》第1期。
颜廷武等，2017，《作物秸秆还田利用的农民决策行为研究——基于皖鲁等七省的调查》，《农业经济问题》第4期。
杨惠芳，2013，《生猪面源污染现状及防治对策研究——以浙江省嘉兴市为例》，《农业经济问题》第7期。
杨丽丽、黄宁，2014，《农民专业合作社在农村环境治理中的作用探究》，《中国农业资源与区划》第5期。
杨玉苹等，2019，《农户参与农业生态转型：预期效益还是政策激励?》，《中国人口·资源与环境》第8期。
姚升，2017，《种养业废弃物资源化循环利用生态补偿机制研究》，《福建农林大学学报》（哲学社会科学版）第2期。
叶云，2015，《基于市场导向的肉羊产业链优化研究》，博士学位论文，中国农业大学。
易秀等，2015，《陕西省畜禽粪便负荷量估算及环境承受程度风险评价》，《干旱地区农业研究》第3期。
尹芳等，2018，《农业面源污染对农业可持续发展影响分析》，《灾害学》第2期。
尹晓青，2019，《我国畜牧业绿色转型发展政策及现实例证》，《重庆社会科学》第3期。
于法稳，2016，《为秸秆综合利用找出路》，《中华环境》第8期。
于法稳、杨果，2018，《农作物秸秆资源化利用的现状、困境及对策》，《社会科学家》第2期。
于法稳、赵会杰，2020，《“十四五”时期农业废弃物资源化利用的目标、任务与对策》，载魏后凯、杜志雄主编《中国农村发展报告（2020）——聚焦“十四五”时期中国的农村发展》，中国社会科学出版社。
于婷、于法稳，2019，《环境规制政策情境下畜禽养殖废弃物资源化利用认知对养殖户参与意愿的影响分析》，《中国农村经济》第 8 期。
禹振军等，2018，《北京市畜禽养殖废弃物资源化处理循环利用机械化技术模式探讨》，《农业机械》第 1 期。
原毅军、谢荣辉，2014，《环境规制的产业结构调整效应研究——基于中国省际面板数据的实证检验》，《中国工业经济》第 8 期。
苑鹏，2019，《合作社参与精准扶贫的创新实践》，《中国农民合作社》第 1 期。
张崇尚等，2017，《中国秸秆能源化利用潜力与秸秆能源企业区域布局研究?》，《资源科学》第 3 期。
张纯刚等，2014，《乡村公共空间：作为合作社发展的意外后果》，《南京农业大学学报》（社会科学版）第 2 期。
张帆、曾铮，2009，《技术标准与市场要素的关联研究——理论假说以及基于 VAR 模型的经验分析》，《科学学研究》第 6 期。
张晖等，2011，《基于农户视角的畜牧业污染处理意愿研究——基于长三角生猪养殖户的调查》，《农村经济》第 10 期。
张俊哲、王春荣，2012，《论社会资本与中国农村环境治理模式创新》，《社会科学战线》第 3 期。
张梅、郭翔宇，2011，《食品质量安全中农业合作社的作用分析》，《东北农业大学学报》（社会科学版）第 2 期。
张曙光、赵农，2000，《市场化及其测度——兼评《中国经济体制市场化进程研究》，《经济研究》第 10 期。
张维平，2018，《农户畜禽养殖污染无害化处理行为研究》，硕士学位论文，江西财经大学。
张晓华等，2018，《四川省畜禽粪便排放时空分布及污染防控》，《长江流域资源与环境》第 2 期。
张诩等，2019，《养殖废弃物治理经济绩效及其影响因素——基于北京市养殖场（户）视角》，《资源科学》第 7 期。

张郁、江易华，2016，《环境规制政策情境下环境风险感知对养猪户环境行为影响——基于湖北省 280 户规模养殖户的调查》，《农业技术经济》第 11 期。

张照新，2019，《乡村振兴背景下农民合作社的发展与挑战》，《中国农民合作社》第 1 期。

赵国庆、文韬，2016，《生猪标准化规模养殖扶持政策的效果研究——来自规模养殖户的实地调查》，《经济与管理》第 2 期。

赵会杰、胡宛彬，2021，《环境规制下农户感知对参与农业废弃物资源化利用意愿的影响》，《中国生态农业学报》第 3 期。

赵会杰、于法稳，2021，《农户参与农业废弃物资源化利用的意愿及其影响因素分析——基于黑、鲁、豫、川 4 省 684 户农户的调查数据》，《生态经济》第 1 期。

赵俊伟等，2019，《生猪养殖粪污处理社会化服务的支付意愿与支付水平分析》，《华中农业大学学报》（社会科学版）第 4 期。

赵丽平等，2015，《农户生态养殖认知及其行为的不一致性分析——以水禽养殖户为例》，《华中农业大学学报》（社会科学版）第 6 期。

赵泉民、井世洁，2016，《合作社组织与乡村公民共同体构建》，《学术论坛》第 4 期。

赵润等，2011，《欧盟畜禽养殖废弃物先进管理经验对中国的启示》，《世界农业》第 5 期。

赵雪雁，2010，《社会资本与经济增长及环境影响的关系研究》，《中国人口·资源与环境》第 2 期。

郑绸等，2019，《畜禽粪污市场化困境及破解对策——基于四川邛崃的实践》，《中国农业资源与区划》第 3 期。

郑军、史建民，2012，《我国农作物秸秆资源化利用的特征和困境及出路——以山东为例》，《农业现代化研究》第 3 期。

郑微微等，2017，《畜禽粪便资源化利用现状、问题及对策——基于江苏省的调研》，《现代经济探讨》第2期。
郑微微等，2017，《中国农业生产水环境承载力及污染风险评价》，《水土保持通报》第2期。
周晶、青平，2017，《畜禽粪便资源评估及其环境污染风险研究——以湖北省为例》，《湖北农业科学》第14期。
周利平等，2015，《农户参与用水协会自述偏好与现实选择一致性实证研究》，《农业技术经济》第1期。
朱清海、雷云，2018，《社会资本对农户秸秆处置亲环境行为的影响研究——基于湖北省L县农户的调查数据》，《干旱区资源与环境》第11期。
［美］A. 班杜拉，2001，《思想和行动的社会基础：社会认知论》，林颖等译，华东师范大学出版社。
［美］西奥多·W. 舒尔茨，1999，《改造传统农业》，梁小民译，商务印书馆。

二　外文文献

Adger, W. N., 2003, "Social Capital, Collective Action and Adaptation to Climate Change", *Economic Geography*, Vol. 79, No. 4.

Ajzen, I., 1991, "The Theory of Planned Behavior", *Organizational Behavior and Human Decision Processes*, Vol. 50, No. 2.

Ajzen, I., M. Fishbein, 1980, *Understanding Attitudes and Predicting Social Behaviour*, Prentic-Hall, Inc., Englewood Cliffs, New Jersey.

Al-Qahtani, Khairia M., 2016, "Water Purification Using Different Waste Fruit Cortexes for the Removal of Heavy Metals", *Journal of Taibah University for Science*, Vol. 9, No. 1.

Asim, Mohammad et al., 2020, "Thermal Stability of Natural Fibers and Their Polymer Composites", *Iranian Polymer Journal*.

Bai, Z. et al., 2018, "China's Livestock Transition: Driving Forces, Impacts, and Consequences", *Science Advances*, Vol. 4, No. 7.

Bond, J. L. et al., 2009, "Understanding Farmers' Pesticide Use in Jharkhand India", *Extension Farming Systems Journal*, Vol. 5, No. 1.

Bulak, Piotr et al., 2020, "Biogas Generation from Insects Breeding Post Production Wastes", *Journal of Cleaner Production*.

Cantrell, K. B. et al., 2012, "Green Farming Systems for the Southeast USA Using Manure-to-Energy Conversion Platforms", *Journal of Renewable and Sustainable Energy*, Vol. 4, No. 4.

Carrington, M. J., B. A. Neville, G. J. Whitwell, 2010, "Why Ethical Consumers don't Walk Their Talk: Towards a Framework for Understanding the Gap between the Ethical Purchase Intentions and Actual Buying Behaviour of Ethically Minded Consumers", *Journal of Business Ethics*, Vol. 97, No. 1.

Chen, X. et al., 2012, "Agent-Based Modeling of the Effects of Social Norms on Enrollment in Payments for Ecosystem Services", *Ecological Modelling*, Vol. 229, No. 4.

Christian, Aaron K. et al., 2013, "Climate Variability on Caregivers' Mental Health and Child Nutritional Status".

Estrella-Gonzalez, M. J. et al., 2019, "Enzymatic Profiles Associated with the Evolution of the Lignocellulosic Fraction during Industrial-Scale Composting of Anthropogenic Waste: Comparative Analysis", *Journal of Environmental Management*.

Fielding, K. S. et al., 2005, "Explaining Landholders' Decisions about Riparian Zone Management: The Role of Behavioural, Normative, and Control Beliefs", *Journal of Environmental Management*, Vol. 77, No. 1.

Fu, Haibin et al., 2021, "Assessment of Livestock Manure-Derived

Hydrochar as Cleaner Products: Insights into Basic Properties, Nutrient Composition, and Heavy Metal Content", *Journal of Cleaner Production*.

Gao, L. et al., 2017, "Application of the Extended Theory of Planned Behavior to Understand Individual's Energy Saving Behavior in Workplaces", *Resources, Conservation and Recycling*.

Guo, J. H. et al., 2010, "Significant Acidification in Major Chinese Croplands", *Science*.

Hakelius, K., H. Hansson, 2016, "Measuring Changes in Farmers' Attitudes to Agricultural Cooperatives: Evidence from Swedish Agriculture 1993 - 2013", *Agribusiness*, Vol. 32, No. 4.

Hasan, H. A., K. P. Leong, 2018, "Growth of Musca Domestica (Diptera: Muscidae) and Sarcophaga Dux (Diptera: Sarcophagidae) Larvae in Poultry and Livestock Manures: Implication for Animal Waste Management", *Journal of Asia-Pacific Entomology*, Vol. 21, No. 3.

Huang, L. et al., 2019, "Ability of Different Edible Fungi to Degrade Crop Straw", *AMB Express*, Vol. 9, No. 1.

Imran-Shaukat, Muhammad, et al., 2021, "Chemically Modified Coconut Shell Biochar for Removal of Heavy Metals from Aqueous Solution", Defect and Diffusion Forum.

Isoda, N. et al., 2014, "Optimization of Preparation Conditions of Activated Carbon from Agriculture Waste Utilizing Factorial Design", *Powder Technology*.

Jacobson, C., A. L. Robertson, 2012, "Landscape Conservation Cooperatives: Bridging Entities to Facilitate Adaptive Co-Governance of Social-Ecological Systems", *Human Dimensions of Wildlife*, Vol. 17, No. 5.

Kaswan, M. J., 2014, *Happiness, Democracy, and the Cooperative Movement: The Radical Utilitarianism of William Thompson*, SUNY Press.

Khan, M., H. Z. Mahmood, C. A. Damalas, 2015, "Pesticide Use and Risk Perceptions among Farmers in the Cotton Belt of Punjab, Pakistan", *Crop Protection*.

Khokhar, Suhail et al., 2015, "A Comprehensive Overview on Signal Processing and Artificial Intelligence Techniques Applications in Classification of Power Quality Disturbances", *Renewable and Sustainable Energy Reviews*.

Kim, J., P. Goldsmith, M. H. Thomas, 2010, "Economic Impact and Public Costs of Confined Animal Feeding Operations at the Parcel Level of Craven County, North Carolina", *Agriculture and Human Values*, Vol. 27, No. 1.

Klöckner, C. A., 2013, "A Comprehensive Model of the Psychology of Environmental Behaviour: A Meta-Analysis", *Global Environmental Change*, Vol. 23, No. 5.

Lee, Dong Ki, Kyoung-Shin Choi, 2018, "Enhancing Long-Term Photostability of BiVO4 Photoanodes for Solar Water Splitting by Tuning Electrolyte Composition", *Nature Energy*.

Li, F. et al., 2016, "Waste from Livestock and Poultry Breeding and Its Potential Assessment of Biogas Energy in Rural China", *Journal of Cleaner Production*.

Liu, W. et al., 2013, "Rural Public Acceptance of Renewable Energy Deployment: The Case of Shandong in China", *Applied Energy*.

Liu, Y. et al., 2017, "Scale of Production, Agglomeration, and Agricultural Pollutant Treatment: Evidence from a Survey in China", *Ecological Economics*.

Lu, Wen-cong, Yong-xi Ma, Bergmann Holger, 2014, "Technological Options to Ameliorate Waste Treatment of Intensive Pig Production in China: An Analysis Based on Bio-Economic Model", *Journal of Integrative Agriculture*, *Vol.* 13, No. 2.

López-Nicolás, C., F. J. Molina-Castillo, H. Bouwman, 2008, "An Assessment of Advanced Mobile Services Acceptance: Contributions from TAM and Diffusion Theory Models", *Information & Management*, Vol. 45, No. 6.

McKelvey, R. D., W. Zavoina, 1975, "A Statistical Model for the Analysis of Ordinal Level Dependent Variables", *Journal of Mathematical Sociology*, Vol. 4, No. 1.

Meijer, S. S. et al., 2015, "Tree Planting by Smallholder Farmers in Malawi: Using the Theory of Planned Behavior to Examine the Relationship between Attitudes and Behavior", *Journal of Environmental Psychology*.

Meng, L. et al., 2019, "Impact of Turning Waste on Performance and Energy Balance in Thermophilic Solid-State Anaerobic Digestion of Agricultural Waste", *Waste Management*.

Monforti, F. et al., 2013, "The Possible Contribution of Agricultural Crop Residues to Renewable Energy Targets in Europe: A Spatially Explicit Study", *Renewable and Sustainable Energy Reviews*.

Moyo, Dingani et al., 2015, "Review of Occupational Health and Safety Organization in Expanding Economies: The Case of Southern Africa", *Annals of Global Health*.

Mueller, W., 2013, "The Effectiveness of Recycling Policy Options: Waste Diversion or Just Diversions?", *Waste Management*, Vol. 3, No. 3.

Muhammad, Michael et al. "Reflections on Researcher Identity and Power: The Impact of Positionality on Community Based Participatory Research (CBPR) Processes and Outcomes", *Critical Sociology*.

Mursec, Bogomir, Franc Cus, 2003, "Integral Model of Selection of Optimal Cutting Conditions from Different Databases of Tool Makers", *Journal of Materials Processing Technology*.

Ngabura, Mohammed et al., 2018, "Utilization of Renewable durian Peels for Biosorption of Zinc from Wastewater", *Journal of Environmental Chemical Engineering*.

Nisa, K., L. Siringo-Ringo, 2019, "The Utilization of Agricultural Waste Biochar and Straw Compost Fertilizer on Paddy Plant Growth", Conference Series: Materials Science and Engineering.

Nysveen, H., P. E. Pedersen, 2016, "Consumer Adoption of RFID-Enabled Services: Applying an Extended UTAUT Model", *Information Systems Frontiers*, Vol. 18, No. 2.

Paduraru, Carmen et al., 2015, "Biosorption of Zinc (II) on Rapeseed Waste: Equilibrium Studies and Thermogravimetric Investigations", *Process Safety and Environmental Protection*.

Parasuraman, A., D. Grewal, 2000, "The Impact of Technology on the Quality-Value-Loyalty Chain: A research Agenda", *Journal of the Academy of Marketing Science*, Vol. 28, No. 1.

Pedersen, Helle Krogh et al., 2016, "Human Gut Microbes Impact Host Serum Metabolome and Insulin Sensitivity", *Nature*.

Popkin, S., 1980, "The Rational Peasant", *Theory and Society*, Vol. 9, No. 3.

Qi, G. et al., 2019, "Hydrotropic Pretreatment on Wheat Straw for Efficient Biobutanol Production", *Biomass and Bioenergy*.

Rezaei, R., S. Mianaji, A. Ganjloo, 2018, "Factors Affecting Farmers' Intention to Engage in on-Farm Food Safety Practices in Iran: Extending the Theory of Planned Behavior", *Journal of Rural Studies*.

Rohollah, Kalhor et al., 2018, "Exploring the Concept of Quality in Hospital Services from the Viewpoint of Patients and Companions".

Sabatini, F., F. Modena, E. Tortia, 2014, "Do Cooperative Enterprises Create Social Trust?", *Small Business Economics*, Vol. 42, No. 3.

Senger, I. et al., 2017, "Using the Theory of Planned Behavior to Understand the Intention of Small Farmers in Diversifying Their Agricultural Production", *Journal of Rural Studies*.

Sfez, S., S. De Meester, J. Dewulf, 2017, "Co-Digestion of Rice Straw and Cow Dung to Supply Cooking Fuel and Fertilizers in Rural India: Impact on Human Health, Resource Flows and Climate Change", *Science of the Total Environment*.

Shirokova, G., L. Ivvonen, 2016, "Performance of Russian SMEs during the Economic Crisis: The Role of Strategic Entrepreneurship", Working Paper, Graduate School of Management, St. Petersburg University: SPb.

Shirokova, G., O. Osiyevskyy, K. Bogatyreva, 2016, "Exploring the Intention-behavior Link in Student Entrepreneurship: Moderating Effects of Individual and Environmental Characteristics", *European Management Journal*, Vol. 34, No. 4.

Sigurnjak, I. et al., 2019, "Production and Performance of Bio-Based Mineral Fertilizers from Agricultural Waste Using Ammonia (Stripping-) Scrubbing Technology", *Waste Management*.

Staats, H. et al., 2004, "Effecting Durable Change: A Team Approach to Improve Environmental Behavior in the Household", *Environment and Behavior*, Vol. 36, No. 3.

Stephens, J. H. G., H. M. Rask, 2000, "Inoculant Production and Formulation", Field Crops Research.

Sun, Runcang, Xiaojun Shen, 2021, "Suncent Advances in Lignocellulose Prior-fractionation for Biomaterials, Biochemicals, and Bioenergy", *Car-*

bohydrate Polymers.

Sunil, Kumar et al., 2018, "Rapid Composting Techniques in Indian Context and Utilization of Black Soldier Fly for Enhanced Decomposition of Biodegradable Wastes-A Comprehensive Review", *Journal of Environmental Management*.

Sunilkumar, M. M., Kashelle Lockman, 2018, "Practical Pharmacology of Methadone: A Long-Acting Opioid", *Indian Journal of Palliative Care*, Vol. 24, No. 1.

Sweeney, J. C., G. N. Soutar, 2001, "Consumer Perceived Value: The Development of a Multiple Item Scale", *Journal of Retailing*, Vol. 77, No. 2.

Tan, C. S. et al., 2017, "A Moral Extension of the Theory of Planned Behavior to Predict Consumers' Purchase Intention for Energy-Efficient Household Appliances in Malaysia", *Energy Policy*.

Tsapekos, P. et al., 2019, "Enhancing Anaerobic Digestion of Agricultural Residues by Microaerobic Conditions", *Biomass Conversion and Biorefinery*.

Van Dijk, W. F. A. et al., 2016, "Factors Underlying Farmers' Intentions to Perform Unsubsidised Agri-Environmental Measures", *Land Use Policy*.

Venkatesh, V. et al., 2003, "User Acceptance of Information Technology: Toward a Unified View", *MIS Quarterly*, Vol. 27, No. 3.

Zeweld, W. et al., 2017, "Smallholder Farmers' Behavioural Intentions towards Sustainable Agricultural Practices", *Journal of Environmental Management*.

Zhang, Wenli et al., 2021, "A Comprehensive Green Utilization Strategy of Lignocellulose from Rice Husk for the Fabrication of High-Rate Electrochemical Zinc Ion Capacitors", *Journal of Cleaner Production*.

Zheng, C. et al., 2014, "Managing Manure from China's Pigs and Poultry: The Influence of Ecological Rationality", *Ambio*, Vol. 43, No. 5.